JN279535

よくわかる
分析化学のすべて

(社)日本分析機器工業会 編

日刊工業新聞社

はじめに

　物を表すのに分析という手法が使われる．経営状態を表すのには経営分析，人の精神状態を表すのには精神分析といった具合である．いずれも何らかの手法によっていろいろな角度から物を分け，総合的に判断をしている．分析化学は化学という観点から物を分け，どのようなものかを知るための学問体系といってよい．このツールとしてさまざまな分析方法，分析機器が存在している．

　分析化学は多くの人が利用しているが，「難しい」「とっかかりができない」などの声をよく聞く．本書はそのような人々に，まずどのようなものかを理解していただくための入門書である．化学を専門にしている人よりも，むしろ化学に興味を持っていただく人を対象にまとめ上げたつもりでいる．

　第1章では分析の手法を大きく分けて，電気分析，光分析，分離分析，X線分析という観点で概要を記載した．第2章では分析機器を使った応用例として，分析機器がこのようなところでも活躍していることを知ってもらうため，今話題の5つのトピックスを取り上げた．第3章では物を知る上で重要な精度管理について解説した．

　詳細な説明についてはさまざまな成書が市販されているので，そちらを見ていただくこととなるが，本書がそのための入門となるよう編集者一同は願っている．

2001年10月

　　　　　　　　　　　　　　　　　　　編集委員長　後藤良三

編集委員・執筆者一覧

〈編集委員会〉

- 委員長　後藤　良三（東亜ディーケーケー㈱）
- 委　員　大橋　和夫（セイコーインスツルメンツ㈱）
- 　　　　田口　　正（日本インスツルメンツ㈱）
- 　　　　小島　建治（日本電子㈱）
- 　　　　渡邊　知彦（理学電機㈱）
- 　　　　戸野塚房男（㈳日本分析機器工業会）

・第1章
- 1-1　小島　建治　　日本電子㈱
- 1-2　古川　良知　　京都電子工業㈱
- 1-3　原田　勝仁　　㈱日立ハイテクノロジーズ
- 1-4　齋藤　　壽　　㈱島津製作所
- 1-5　池田　昌彦　　㈱堀場製作所

・第2章
- 2-1　大橋　和夫　　セイコーインスツルメンツ㈱
- 2-2　田口　　正　　日本インスツルメンツ㈱
- 2-3　池田　昌彦　　㈱堀場製作所
- 2-4　瀧川　義澄　　横河アナリティカルシステムズ㈱
- 2-5　後藤　良三　　東亜ディーケーケー㈱

・第3章
- 　　　川瀬　　晃　　セイコーインスツルメンツ㈱

目　次

はじめに

第1章　分析化学のメカニズムと機器分析

1-1　分析のメカニズム ……………………………………………… 1
　1-1-1　分析とは ……………………………………………………… 1
　1-1-2　分析の目的 …………………………………………………… 2
　1-1-3　分析のプロセス（3つのプロセス）………………………… 3
　1-1-4　原子・分子・元素の性質 …………………………………… 6
　1-1-5　機器分析の特徴 ……………………………………………… 14
　1-1-6　分析機器の種類と分析手法 ………………………………… 16
　1-1-7　分析の活用 …………………………………………………… 21
1-2　電気分析とその応用 …………………………………………… 23
　1-2-1　電気滴定装置 ………………………………………………… 23
　1-2-2　ポーラログラフ ……………………………………………… 33
　1-2-3　電解分析装置 ………………………………………………… 35
　1-2-4　導電率計（電気伝導率計）………………………………… 36
1-3　光分析とその応用 ……………………………………………… 40
　1-3-1　分光光度計 …………………………………………………… 40
　1-3-2　分光蛍光光度計 ……………………………………………… 48
　1-3-3　原子吸光分光光度計 ………………………………………… 54
　1-3-4　ICP発光分析装置 …………………………………………… 60
1-4　分離分析とその応用 …………………………………………… 66

- 1-4-1 はじめに ………………………………………………… 66
- 1-4-2 クロマトグラフィーの種類と特徴 …………………… 67
- 1-4-3 クロマトグラフィーによる分離の原理 ……………… 72
- 1-4-4 クロマトグラフィーによる定性, 定量分析 ………… 74
- 1-4-5 ガスクロマトグラフィー ……………………………… 80
- 1-4-6 液体クロマトグラフィー ……………………………… 92
- 1-4-7 電気泳動法 ……………………………………………… 103
- 1-4-8 応用分析 ………………………………………………… 106
- 1-5 X線分析とその応用 ………………………………………… 110
  - 1-5-1 X線の発生と検出方法 ………………………………… 110
  - 1-5-2 微小部蛍光X線分析法（X線分析顕微鏡）………… 112
  - 1-5-3 電子線励起X線元素分析（SEM・EDX）………… 114

第2章　活躍する分析機器

- 2-1 古き時代を探る（考古学と分析計）……………………… 119
  - 2-1-1 保存科学と機器分析 …………………………………… 119
  - 2-1-2 蛍光X線分析装置による絵画顔料の測定 ………… 121
  - 2-1-3 鉛同位体比測定による青銅製品の産地推定 ……… 127
  - 2-1-4 おわりに ………………………………………………… 136
- 2-2 空に浮かぶ水銀計 …………………………………………… 137
  - 2-2-1 上空の水銀ガス濃度を測るには ……………………… 137
  - 2-2-2 大気中の水銀測定 ……………………………………… 139
  - 2-2-3 空に浮かんだ水銀計 …………………………………… 140
  - 2-2-4 気球を空に浮かべる …………………………………… 143
  - 2-2-5 アマゾンでの測定 ……………………………………… 143
  - 2-2-6 おわりに ………………………………………………… 147

2-3 科学捜査に活躍する分析計 ……………………………… 148
　2-3-1 FTIR ……………………………………………… 148
　2-3-2 蛍光X線と電子励起X線元素分析装置 …………… 155
2-4 シックハウス症候群の謎を追う ………………………… 160
　2-4-1 シックハウス症候群と原因物質 …………………… 160
　2-4-2 室内空気中化学物質を測る ………………………… 163
　2-4-3 シックハウス症候群の謎に迫る …………………… 173
2-5 プラスチックリサイクルを行うために ………………… 177
　2-5-1 集められるプラスチックゴミ ……………………… 177
　2-5-2 どのように分別するのか …………………………… 178
　2-5-3 近赤外線を利用した分別方法 ……………………… 182
　2-5-4 おわりに ……………………………………………… 190

第3章 データの管理と精度管理

3-1 データの管理と精度管理 ………………………………… 193
3-2 真の値は得られるのか …………………………………… 194
3-3 化学分析はその他の測定と異なるか …………………… 197
3-4 用語は整合されたか ……………………………………… 199
3-5 信頼性の要素にはどのようなものがあるか …………… 202
3-6 測定値の不確かさ ………………………………………… 208

[付録1]：分析手法又は分析機器の欧文略語（ABC順）………… 212
[付録2]：SI単位，10の整数乗を表わす接頭語および換算表 … 217

第1章　分析化学のメカニズムと機器分析

1-1　分析のメカニズム

1-1-1　分析とは

　分析機器は現在，主として大学の研究室や工場の検査室等，通常は人の目に触れないところで活躍している．この分析機器を駆使して行う「分析」は，高尚な学者の世界の出来ごとのように思われるかもしれないが，最近の分析機器は研究室を抜け出して青空のもと戸外で使われており，犯罪捜査の証拠調べや歴史の研究における時代考証などにも利用されている．この本はこのような分析を学問の対象としてではなく，問題解決の手段として使いこなそうとする方を対象としている．

　もちろん，分析がそれ自体で学問となりえるのは，分析をする目的が物質を原子・分子のレベルで理解することにあるからだ．物質を原子・分子の振る舞いとして理解できれば，現代科学技術の知識や手法を活用することが可能となる．これらの知識や手法を活用して物質をわれわれに有用な材料として改質したり，精製をして純度を上げたりといろいろな取り扱いが効率よくできるようになる．しかも，これらの知識や手法は既に体系化されているのでなにも自ら研究する必要はなく，たくさんいる専門家に相談することで十分活

用が可能である．

　しかし，分析をすることは学校の試験で問題の正解を見つけることとは異なり，問題解決の方法を対象とする物質の中から探り出すことである．この謎解きの手段として様々な分析手法があり，そのための道具として分析機器が存在している．

　この本はこの分析機器を使用して行う分析についての全体像を掴んでもらうことを主眼においている．

1-1-2　分析の目的

　分析を問題解決の手段として使うことにより，対象とする物質を原子・分子レベルで説明することが可能になる．説明する内容は次に示す2つの項目である．

　①物質がどんな原子や分子で構成されているか．
　②原子や分子がどのように組織化（構造という）されているか．

　この説明をするために分析機器を利用して機器分析を行う．しかし，上にあげた2つの項目についてのすべてを分析をすることにより説明をするのではない．分析をするまでもなく分かっていることも多いので，分析をする前に対象となる試料物質の性質についてできるだけ体系的に調査し理解しておくことが望ましい．また，分析の方法を見極めるのにも，分析対象となる物質に対する理解が深いことに越したことはない．単一の原子で構成される元素は高々100個であるが，これらを組み合わせてできる物質の数は無数にあるからである．

　特に最近のハイテクを始めとする工業材料では素材から部品，デバイスに至るまで，必要な機能を強化するために微量元素の量を正確にコントロールして添加することや，幾重もの薄膜を重ねて多層

膜を作り製品に必要とする機能を創出していることが多くある．自分で試料を合成したものを分析する場合や，工業材料や工業製品の分析では当初から成分は既知であり，材料としての性質もわかっていることも多いのである．これらの知識を前提としてさらに原子，分子に関する未知の情報を得るのが分析の目的となる．

1-1-3 分析のプロセス（3つのステップ）

分析機器を活用した分析とは何かを理解するためには，分析の手順にそって概要をとらえるとよい．

機器分析というと，実験室に装置があり，試料を装置にセットしてコンピュータのキーボードからいくつかの数値を入れる．すぐ画面にスペクトルが出てくるので，そこで必要なピークを選択して……，といったイメージがあるが，機器を使った分析では，この前後にある「前処理」と「データ解析」という2つのプロセスが「機器の操作」と同様に重要である．

分析機器は自動化が進みデータ測定の部分で人が介在する場面は少ないが，分析技術者にとってこの前後のプロセスは人手が必要な作業もあり，腕のふるいどころでもあるのだ．分析の全容を掴むためにはこの3つのプロセスを踏まえることが大切である（図1.1.1）．

物質がどのような状態にあるとしても，実際に分析機器を使用して測定を行う前には，対象とする物質を分析機器で測定ができるように処理をする必要がある．「前処理」は試料を機器に取り付けるまでのプロセスの総称である．このプロセスは対象とする試料と使用する分析機器との組み合わせにより具体的な方法が多数ある．特に抽出や濃縮といった化学反応を利用する場合も多い．また前処理用の機器を用意して使うこともある．

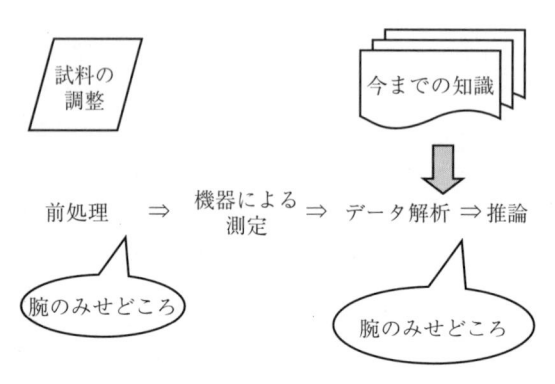

図 1.1.1 分析のプロセス

　一方,分析機器側にも測定をするための制約条件がたくさんあるのが実情である.したがって,いい分析結果を得る出すためには,装置をつくる側はむろんのこと,装置を実際に使用して分析をする人があらかじめ,対象となる物質の特徴と装置の特性をよく見極めることも必要になる.

　ところで分析は必要とする情報によって整理すると3つに分類できる.

①何が含まれているのか成分を知りたいとき.(主成分分析)

②含まれている成分の中のある成分の量を知りたいとき(定量分析)

③主な成分がわかっているが微量に含まれている未知の成分を知りたいとき(微量分析)

　これらの分析目的の違いにより対象とする試料が同じであっても前処理は違ったものになる.

　さて,適切な前処理をして試料を機器に装着(あるいは導入)す

ると測定プロセスとなる．測定プロセスでは使用可能な分析機器の種類が多いので，それぞれの機器の特徴を生かして使いたいものである．ラボ用の分析機器は汎用に使えるようになっているので，自分の使いなれた機器をいつも使うことになりやすいが，余裕があればいくつかの異なる手法（機器）を用いて結果を比較し，最適な機器を使えるようにしてほしいものである．

　機器は所詮，道具であるので，問題解決のために最適の道具（機器）を選択すべきである．

　最後のプロセスが機器により得られたスペクトルや数値データについて分析の目的に応じて判断を下す作業である．とくに機器分析で得られる数値データには共通の特徴がある．これは得られるデータが絶対値ではなく相対的な値であるということである．実際の分析では，試料の成分は既知であり，濃度や含有量を求めることが多い．この場合には標準試料を使って検量線を作成し，この検量線を頼りに定量を行うのが一般的である．さらに正確なデータを求められると測定の誤差等を問題にすることになる．この場合にはデータを統計的に処理することが必要となる．

　このように分析は，試料を原子・分子から構成する物質と見立て，物質をこの構成要素（成分）に「分離する過程」，「計測」や「測定」，その後の「データ解析」を組み合わせて成り立っている．つまり，分析をするということは，最先端の科学の知識を生かして行う謎解きにも似た知的なゲームという側面と，勘と経験を頼りに高度な技能を駆使して行う職人芸という側面がある．だから，その面白みを知ると結構，人生が楽しく過ごせることになる．

1-1-4 原子・分子・元素の性質
(1) 元素の周期表

物質を原子・分子の集合体として説明するためには，あらかじめ原子や分子の性質について理解しておくことが必要である．特に，原子や分子の性質は知識の体系として大掴みに捉えておくことが望ましく，体系的な理解を直感的にできる最短距離が元素の周期表を理解することである．

物質が普遍な粒子から構成されていることは，遠くギリシャ・ローマの時代から提唱されていた（図 1.1.2）．この普遍的で基本となる粒子の存在が確認されて原子（atom）という概念が確立し，自然に存在する単一の原子からなる元素の種類が 92 であることが確認されたのは 20 世紀になってからである．

1869 年にロシアの科学者メンデレーエフ（D. I. Mendeleev）は元素の化学的な性質をもとに当時わかっていた約 60 種の元素を分類

ギリシャのエムペドクレスは火，空気，水，土を元素とする 4 元素説をとなえた．これをローマの哲人アリストテレスによって修正されて 4 元素説として中世まで信じられた．中世の錬金術師ガーバー（Gaber）は，水銀，硫黄，食塩を 3 元素と考えた 3 元素説．

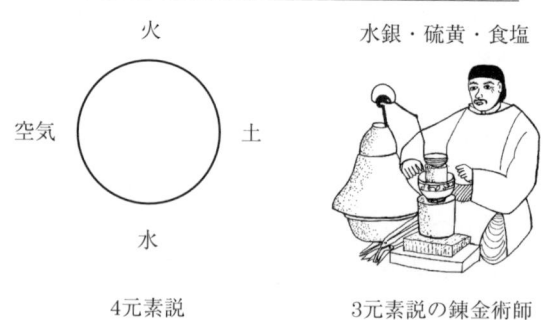

図 1.1.2　いろいろな元素説

して周期表を完成させた．この周期律の発見は経験的なものではあったが，この経験則を生んだ背景には錬金術から連なる膨大な実験による化学反応や合成の知識の集積があり，当時勃興した産業革命による大量の材料の必要性から触発された実験にもとづく科学の発達であった．その後，1914 年に英国のモーズリーにより提唱された「モーズリーの法則」により，周期表の元素に付与された原子番号の正確な意味が与えられ，さらに 1926 年の量子論の誕生により体系的な裏づけがなされた．ここに初めて，物質を原子や分子の集合体として理解できれば，物質の性質や特徴を説明することが，可能となった（図 1.1.3）．

元素の周期律は中学の教科書でも取り上げられており，元素を原子番号順に「水兵リーベ僕の船」などと覚えて試験に備えるらしいが，分析をするために原子の順番を記憶する必要はない．周期表では原子を原子番号の順番に規則性をもつように並べている．その規則は一言でいうと電子配列の規則である．

原子番号は原子核と電子から構成されている原子がもつ電子の数に対応している．そして原子の性質の違い特に他の原子と結合をしたり，反応をしたりする化学的な性質はこの電子の数に依存している．電子は原子核の周囲を取り囲むような状態で存在するのでこれを殻（Shell）と呼んでいる．この殻が幾重にも重なっており，内側から K 殻，L 殻，M, 殻と名前がつけられている．それぞれの殻の中には s 軌道，p 軌道，d 軌道と名づけた電子がいられる軌道がある．この軌道の中に入ることのできる電子座席の数が決まっている．電子が詰まっている一番外側の殻を最外殻といい，化学的な性質の違いは，たいがいはこの最外殻の電子がつくる電荷の分布の違いで説明できる．

族\周期	Ia	IIa	IIIa	IVa	Va	VIa	VIIa	VIII			Ib	IIb	IIIb	IVb	Vb	VIb	VIIb	0
1	1H																	2He
2	3Li	4Be											5B	6C	7N	8O	9F	10Ne
3	11Na	12Mg											13Al	14Si	15P	16S	17Cl	18Ar
4	19K	20Ca	21Sc	22Ti	23V	24Cr	25Mn	26Fe	27Co	28Ni	29Cu	30Zn	31Ga	32Ge	33As	34Se	35Br	36Kr
5	37Rb	38Sr	39Y	40Zr	41Nb	42Mo	43Tc	44Ru	45Rh	46Pd	47Ag	48Cd	49In	50Sn	51Sb	52Te	53I	54Xe
6	55Cs	56Ba	57~71*	72Hf	73Ta	74W	75Re	76Os	77Ir	78Pt	79Au	80Hg	81Tl	82Pb	83Bi	84Po	85At	86Rn
7	87Fr	88Ra	89~103**	104Rf	105Db	106Sg	107Bh	108Hs	109Mt									

* Lanthanides ランタノイド	57La	58Ce	59Pr	60Nd	61Pm	62Sm	63Eu	64Gd	65Tb	66Dy	67Ho	68Er	69Tm	70Yb	71Lu
** Actinides アクチノイド	89Ac	90Th	91Pa	92U	93Np	94Pu	95Am	96Cm	97Bk	98Cf	99Es	100Fm	101Md	102No	103Lr

図 1.1.3 元素の周期表

周期表では行(横)をみると原子は左から電子の数が少ない順に並んでいる．一番右は電子が一番詰まっている状態で不活性ガス(他のガスと反応しない)として存在する原子がくる．列は化学的な性質が同じようになる原子が集まるように構成されている．これはほんの一例だが，このように周期表の読み方に習熟することにより原子や分子に対する理解が一層深まる．そして分析をする上での助けになるであろう．

(2) 原子，分子のプロファイル

原子や分子1個の大きさはわれわれの住む等身大の大きさと比べるとものすごく小さい．このため，われわれが通常使用する長さや質量の単位とは別に原子単位というものが定義されている．これによると長さの単位は大体1000億分の1，質量の単位は1兆分の1のさらに1兆分の1である．

これでは何のことだかよくわからないので，これを原子の大きさは10のマイナス11乗，質量は10のマイナス28乗と表現する．これでも言いにくいのでこのような量の違いを表すために符丁が使わ

表 1.1.1 量をあらわす接頭語

接頭語	記 号	オーダー
ミリ	m	10^{-3}
マイクロ	μ	10^{-6}
ナノ	n	10^{-9}
ピコ	p	10^{-12}
フェムト	f	10^{-15}
キロ	k	10^{3}
メガ	M	10^{6}
ギガ	G	10^{9}
テラ	T	10^{12}

れる．キロ，メガ，ミリ，マイクロ，ナノといったものである（**表1.1.1**）．分析の世界ではこのように桁数の違う数値を扱うので，べき乗という表現方法になれることが好ましい．べき乗というのは数字の桁数（ゼロの数）を数値としていうだけのことである．

特に分析に関する観点からは原子分子の幾何学的な大きさだけでなく原子・分子を構成する電子の構造について理解を深めることが大切である．電子の構造は分光法による分析をするときに特に重要であるほか，物質の化学的な性質や物理的な性質を体系的に理解するために欠かせない知識である．分析を始めてからも引き続き研鑽してほしい分野である．

原子，分子の世界とわれわれが実感している等身大の世界をつなげる数にアボガドロ数 6.022×10^{23} がある．これは1モルの物質に含まれる炭素原子の数で定義されている．この数値は概略われわれが使う重さの単位に含まれる原子や分子の総数にあたる．

（3）原子，分子と物質の状態

原子・分子1個の大きさが示すのは，これほど小さな世界なのだが，この原子・分子の性質とわれわれが手にする大きさの試料の性質とはどのような関係があるのであろうか？　こんなにもかけ離れた大きさの世界の性質はどのように等身大のわれわれの世界に影響を与えているのだろうかという疑問が湧くであろう．この疑問に一言で答えることは難しいが，物質の形態と関連づけて考えるとわかり易くなる．物質の形態には，「気体」，「液体」，「固体」，それに「プラズマ状態」という4つの状態があるが，その原子や分子の集まり方は様々である．

1）気体及びプラズマ状態の場合

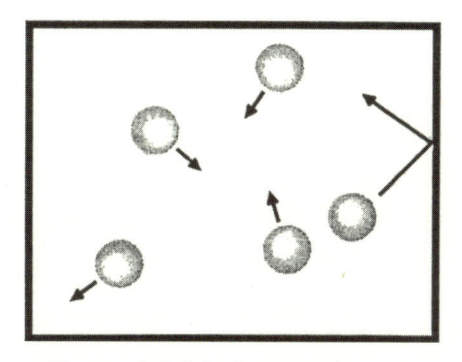

図 1.1.4 気体状態（分子は勝手に動く）

　いわゆるガスとして存在する場合は分子が自由に空間を飛びまわっているので原子や分子の性質がそのまま反映する．このため2つの異なる気体を一緒にすると気体中の分子はあっという間に交じり合って均一になる．また，これらの間で反応が起こるのもあっという間である．燃焼現象として日常的に活用されている火が燃えるという現象は酸素分子が他の物質の分子と結合する現象として理解できる．このように気体では原子や分子の性質がそのまま反映している（**図 1.1.4**）．

　2）液体の場合

　液体の場合も物質は分子として存在するが．ただし，気体と密度が異なり，分子は気体のように自由に動くことが出来ない．このため，2つの異なる液体を混ぜると均一になるまでに時間がかかる．しかし，分子であることには変わらないので性質はそのまま反映することが多いが，液体に特有の性質が表れることもある（**図 1.1.5**）．

　3）固体の場合（固体のことを凝集体ともいう）

　固体の場合は気体や液体と異なり，分子あるいは原子はお互いに

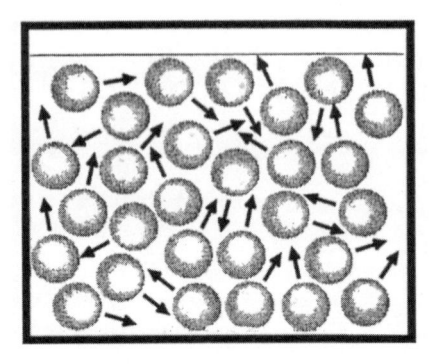

図 1.1.5　液体状態（分子はむらがっている）

堅く結びついている．このため，分析をするために原子・分子状態として取り出すことは困難であり，また，原子や分子固有の性質とは異なる性質を示す．このため固体の分析では固体固有の性質が分析の対象となることが多い．この場合には原子，分子を分析するのと異なる手法（機器）が必要である．

一方，特に最近の薄膜技術等で作成された工業生産物等では多数

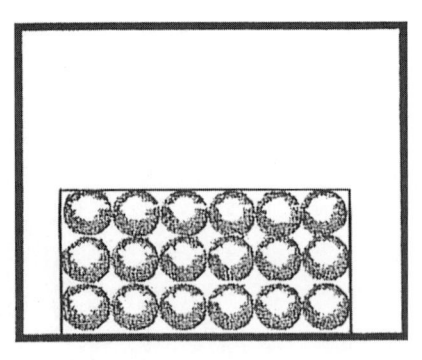

図 1.1.6　固体状態（分子はスクラムを組んでいる）

の異なる相が存在するような物質が対象となる場合や固体中にふくまれる極微量の原子や，分子を見出す必要のある場合には何らかの手立てをして原子，分子として取出し分析をする必要がある．この場合には3つの方法がある．①強引に気体に分解する，②溶液に溶かして液体にする，③そのまま分析する手段を使うという3つの方法だがいずれも一長一短がある（**図1.1.6**，**表1.1.2**）．

表1.1.2 原子がいくつ集まると固体の性質を示すのか？

このテーマは現在でも先端の研究者のホットなテーマである．炭素の場合には従来から固体になるとグラファイトとダイアモンドになることが知られていたが，今から15年前炭素が60個集まった分子フラーレンが発見された．このフラーレンはサッカーボールのように球体であるが，その後竹かごのような構造のナノチューブが発見されている．

このフラーレンの発見は炭素を2つ，3つとくっつけた時にどんな性質のもの（これは原子でも分子でもないのでクラスターと呼ばれる）ができるかの研究の中から生まれた．しかし最初の問いの答えはまだわかっていない．

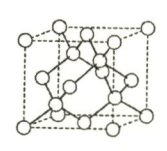

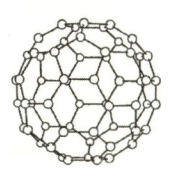

ダイアモンド　　　グラファイト　　　フラーレン
（白丸が炭素原子）

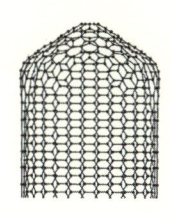

ナノチューブの模式図

1-1-5 機器分析の特徴

機器分析は分析機器を活用して分析を行うことであるが，機器を使用することにより2つの効果が期待できる．

1つは，原子，分子に関する情報が数値として容易に得られるので，科学知識に基づいた物質の性質の解明ができることである．もう1つは高度な熟練を要する化学処理の過程を一部，省略できることである．

もちろん，その代償として機器の動作原理や操作について学ぶ必要はあるが，分析に機器（装置）を使うことにより，材料の開発，工場での品質管理をはじめ，自然環境の保全や，食品管理まで様々な分野で，科学的な理解に基づく判断が可能となり，身の回りの安全や生活の向上に役に立つことができる．

分析機器の機械としての特徴は数値化したデータを生産することである．この原子や分子に関する情報を数値として出すことの意味はどこにあるのだろうか？　以下に例を交えて説明をする．

例えば，身体的な特徴を現すときに背が高いとか，やせているという表現では受け取る側の人によって異なる想像をされてしまう．そこで，身長180 cm，体重100 kgという数値で表現すれば間違いは減る．この時，測定は身長計や体重計を使うが，この身長計や体重計にあたるのが，分析では分析機器ということになる．

では，写真のなかに写っている人の身長を知ることはできるだろうか．もちろん，身長計は使えない．この場合，写真の中で仮に身長を知りたい人の隣にポストが写っていたとしよう．ポストの高さは写真からではなく他の手段を使って知ることができる．もし，高さが150 cmとすれば，それを基準にして身長を推測することが可能となる．分析の場合，このポストにあたるのが標準試料である．

1-1 分析のメカニズム

　同じような方法は分析では溶液中の物質濃度の測定のような場合にも使われる．この場合は例えば，10%，20%，30% の濃度の溶液をあらかじめ準備して濃度を測定する．測定によく使われるのは比色計である．われわれはよく色の濃い水と薄い水をみて，濃い水には物質がたくさん溶けており，薄い水には少ししか溶けていないと判断すると思う．この判断は間違ってはいないが，正確ではない．水に溶けている物質は光を吸収するが，これは物質の溶けている濃度に比例する．しかし，物質により，光の吸収の仕方が異なるため，光の強さ（量）を計っただけでは，濃度を決められない．このため，濃度のわかった溶液の光の強度を測定し，光の強度と濃度との関係を決めてから，濃度未知の物質の濃度を推定する．この場合光の強度と濃度の関係を表す線が検量線になる（**図 1.1.7**）．

　身長と体重のあとは体温についての例を考えよう．ある日，起きたら熱っぽかったとする．病気だろうか？　そこで多分，体温計で体温を測ってみるだろう．そして，38.6 度の熱があるとなれば，病気であるという推測ができるというものである．

　では，どうも熱っぽいので体温をはかったら 36.8 度あった場合

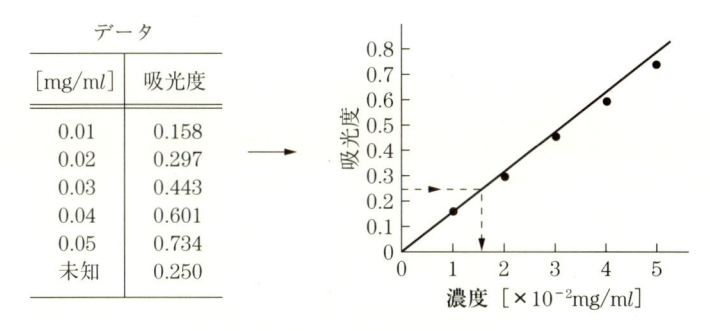

データ	
[mg/ml]	吸光度
0.01	0.158
0.02	0.297
0.03	0.443
0.04	0.601
0.05	0.734
未知	0.250

図 1.1.7　検量線

はどうなるだろうか病気だろうか？　多分，人により答えは異なる．ではこの人の平時の体温が35.9度だとわかったとすればどうだろうか？　多分ほとんどの人が病気であると判断すると思う．

　品質管理に分析を利用する場合には上にあげた体温から病気を推測するようなやり方で，製品の良，不良の判断ができる．ある日，不良品がでたとクレームが来たとする．この不良品について機器分析をおこなうと何らかのデータが得られるがこのデータだけでは判断がつかない．しかし，あらかじめ今までの良品を測定して得られたデータがあれば，それと比較をすることが可能であり，判定ができる．このように機器分析では数値的なデータが得られるが，このデータを使って判断を下すために標準試料を用いたり，検量線を使用して絶対値の推定をしたり，あらかじめ取得した時系列のデータを利用したりすることが多い．

1-1-6　分析機器の種類と分析手法
（1）分析機器の種類

　分析に要求される多様な目的に対して，分析機器の種類は現在，通常使用されているものでも，約50機種にもなる．これらを分析機器工業会では使用目的に応じて6つに分類している（**表1.1.3**）．

　ラボ用の分析機器は工業会の生産高の6割を占め，電気化学分析装置，光分析装置，電磁気分析装置，クロマトグラフ，蒸留及び分離装置，熱分析・熱測定装置に分類されている．ラボ用分析装置の特徴は手法が装置の名称になっていることでいわば機器分析の原点ともいえる．対象とする成分（原子や分子の種類）のわからないものを分析できる装置である．このため人が介在することが必要となり，研究者や技術者がこの役割を果たす．これらの分析機器が利用

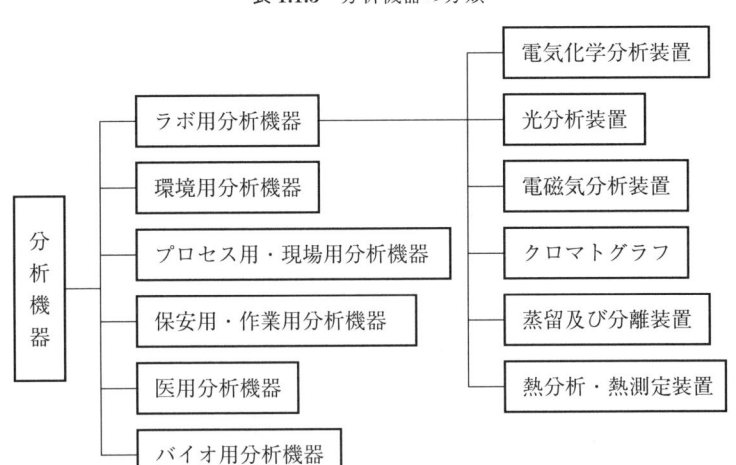

表 1.1.3 分析機器の分類

```
                ┌─ ラボ用分析機器 ──┬─ 電気化学分析装置
                │                    ├─ 光分析装置
                ├─ 環境用分析機器    ├─ 電磁気分析装置
分析機器 ───────┼─ プロセス用・現場用分析機器 ├─ クロマトグラフ
                ├─ 保安用・作業用分析機器 ├─ 蒸留及び分離装置
                ├─ 医用分析機器      └─ 熱分析・熱測定装置
                └─ バイオ用分析機器
```

する分析手法は原理的に3つに分類できる．1) 分光法（Spectroscopy），2) クロマトグラフィー（Chromatography），3) 顕微法（Microscopy）である．

　環境用分析装置，プロセス用現場用分析装置，保安用作業環境用分析装置はラボ用分析装置と性格が異なり，分析対象が決まったものである．ラボ用分析機器との比較表を示す（**表 1.1.4**）．人が介在することはない環境用分析機器は大気汚染分析装置，自動車用排ガス分析計，水質汚濁装置から構成されている．プロセス用，現場用分析機器はガスセンサー等である．保安用，作業環境用分析機器は有害ガス検知装置等である．

　医用分析機器は病院の中央検査室や臨床検査センター等に設置される分析機器である．代表的なものは自動臨床化学分析装置で，これは吸光法を利用し，前処理の特定成分を発色させる過程を自動化

表 1.1.4 分析機器の特徴

	ラボ用	プロセス用/環境用
分析対象	不定	固定
分析条件	不定	固定
設置場所	実験室，機器室	試料を採取する場所の近く
設置環境	室内	屋外又は室内
稼働時間	用時	24時間／日
試料の採取	装置とは全く別に行われる	装置に付属，自動連続的に行われる
試料の前処理	マニュアル	自動，ただし単純なものに限られる
試料の導入	通常バッチ，マニュアル	通常連続的，自動
分析操作―装置の調整	通常マニュアル試料ごとに行う	自動（条件固定）
データ表示	1分析ごとに図形及び／又は数値	連続的，数値（アナログ的表示も含む）
装置の保守	オペレータの常時監視下にあり	常時無人，定期的巡回による

したものを基本にしている．その他に血液検査装置等で構成され生産高の3割弱を占めている．

バイオ用分析機器は最近1つの項目になった分析機器である．遺伝子の解析や抗原抗体反応等今までに無い手法が利用されている．

（2）分析手法による分類

ラボ用分析機器に使用される機器を分析手法により分類しておくと分析をするときに便利である．分析手法は大まかに3つに分類できる．1) 分光法，2) クロマトグラフ法，3) 顕微鏡法である．

分光法は主として19世紀から20世紀の始めの物理学における有力な実験手法として発達した．元素の周期表のところで説明したモ

ーズレーの法則もこの分野での成果の1つであり、やがて量子力学の誕生を促した。さらに、この成果はレーザの発明にまで及んでいる。分光法の特徴は分光スペクトルが量子力学の理論体系から導かれる予測と一致することで、X線から赤外線のスペクトルまですべてが物質の電子準位間のエネルギー差に対応する。光分析装置の大半と電磁気分析装置の一部がこの手法に分類される。得られるスペクトルの横軸の単位は波長であったり波数であったりまちまちに見えるが、すべてエネルギーの単位である。分光法では横軸がエネルギーの大きさで縦軸が物質の量に依存する量になる。分光法で使用される単位について表 1.1.5 にまとめた（図 1.1.8）。

一方、クロマトグラフ法は各種の固体または液体（充填材）のなかを移動相（キャリア）により移動させ、中に含まれる各成分の吸着性等の性質の違いによる移動速度の差を利用して物質を分離する。出口に適当な検出器をおいて物質を検知すれば成分の違いは検出器の前を通過する時間の違いとして現れる。得られるクロマトグラムは横軸が時間で縦軸が物質の量に依存した量となる。20世紀の初頭に葉緑素などの植物色素の研究に吸着分離技術を用いたのが始まりとされている。この手法は混合物を分離して特定の物質を取り出す手法として現在でも工業的にも利用されている。

表 1.1.5 電磁波と分析法

0.1nm	100nm		1000nm		1m
X線		可視光線			マイクロ波
γ線	紫外線		赤外線		ラジオ波
X線分析 放射化分析	紫外・可視分光分析 原子吸光分析 発光分光分析		赤外吸収分析		核磁気共鳴分析 (NMR)

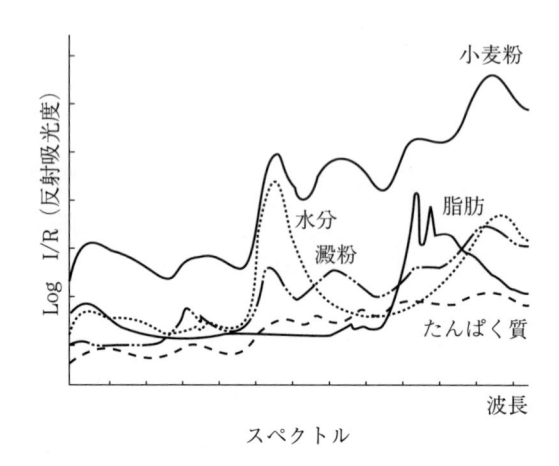

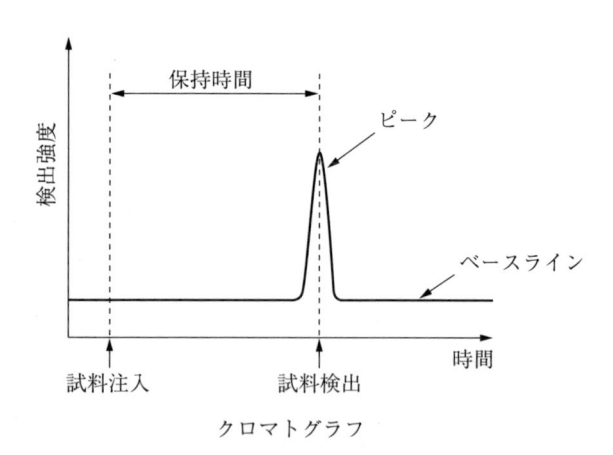

図 1.1.8　スペクトルとクロマトグラフ

顕微法は光学顕微鏡や電子顕微鏡のことである．顕微鏡が分析にと思うかもしれないが，すべての場合とはいかないが原子，分子1個を識別できる能力がある．顕微法にはレンズを利用した結像系により画像を形成するタイプとプローブを走査して画像を形成するタイプがある．分析する領域が小さくなるにつれ有力な手法となる．また固体のように原子・分子が均一に存在せず分布をもつような場合にも必要な手法である．

1-1-7 分析の活用

分析が診断や検査，予測と違う点は問題解決のための手段として行った分析の結果が，問題解決の処方箋となるからである．お医者さんが病気だといってきた患者の病名を決めるのは，病名が決まれば今までの蓄積された知識と経験から治療の方法が決まり治癒のための処方箋がかけるからである．このために，X線撮影をしたり，血液検査などの機器による検査をするだけではなく，顔色を見たり，問診をしていろいろの質問浴びせ判断を下す材料を集める．

分析においても問診にあたることを必要とすることが多い．何を分析するかにもよるが，工程管理のための品質の分析などでは対象物質の過去の履歴，例えば素材であればどのような精錬工程を経たかとか，どんな合成反応を利用して合成したかとか，表面の防食に使用しためっき法は何を利用したか等の情報をあらかじめ調べて知っておくべきである．

分析が問題解決の手段から処方箋を書くことまで可能なのは，分析により対象とする試料の性質や機能を原子や分子の組成や構造と対応させて説明できるからである．そしてより積極的にわれわれの要求にもとづいてそれに相応しい性質をもつ材料の設計法まで提案

することも可能である．

　日本が製造業において世界的な競争力を持っている陰にはこのような分析の活用があり分析機器がある．特に最近は，研究開発や工場での品質管理だけでなく，環境問題の解決のための分析や，健康診断の生化学検査に分析機器が利用されて，社会的な問題やよりよい生活をするための問題解決のための手段として分析機器が利用されてきている．

（日本電子㈱　小島建治）

参考文献

1) ピーター・アトキンス著　細谷治夫訳「元素の王国」草思社（1996年）
2) 分析機器の手引き　日本分析機器工業会発行 2001年

1-2 電気分析とその応用

電気分析法を用いる化学分析装置[1]には,電気滴定装置,ポーラログラフ,電解分析装置,導電率計などがある.これらの分析計は電気化学の原理を応用して物質のもつ電気的な性質をうまく利用することによって試料の濃度がわかるように作られている.例えば,電池の起電力と同じ原理を電極に利用した電位差法,2本の金属電極に電圧を加えて液体の電気分解現象を利用する電解法などがある.

ここでは代表的なこれらの分析装置を取り上げ,それぞれの装置の測定(分析)原理と測定の仕組みを解説しよう.

1-2-1 電気滴定装置
(1) 電位差滴定装置

電位差滴定装置は,化学物質の最も基本的な分析法を利用した装置として長い歴史をもっている.現在においても,比較的簡単に精度良い結果が得られる分析法として品質管理や金属標準液の評価[2]など種々の化学分析に広く使われている.

1) 構成

電位差滴定装置の構成は,試料と滴定試薬の反応過程や当量点を検出する電極,試料と反応させる液(滴定試薬)を試料の入ったビーカーに滴下するビュレット,滴定動作を制御し,また電極の電位や滴定量を表示させる電気回路やディスプレイなどである.スターラーは,ビーカーに回転子を入れて回転させ,試料をかくはんして試料と滴定試薬をよく混ぜ,反応の促進を行なう.

電位差滴定装置の一例を**写真 1.2.1** に示す.この装置は自動的に

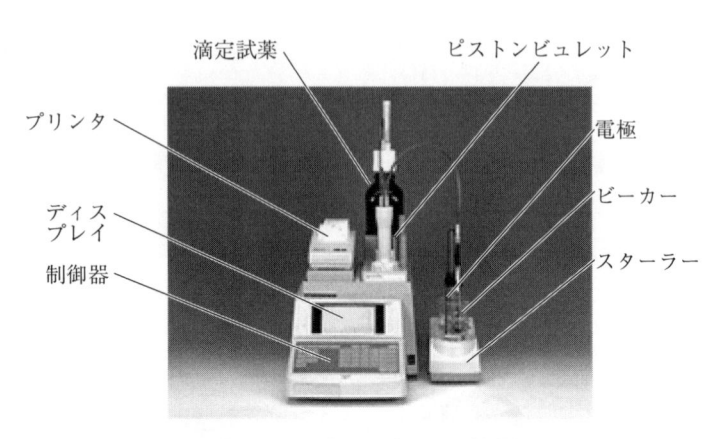

24　　第1章　分析化学のメカニズムと機器分析

写真 1.2.1　電位差滴定装置の構成例

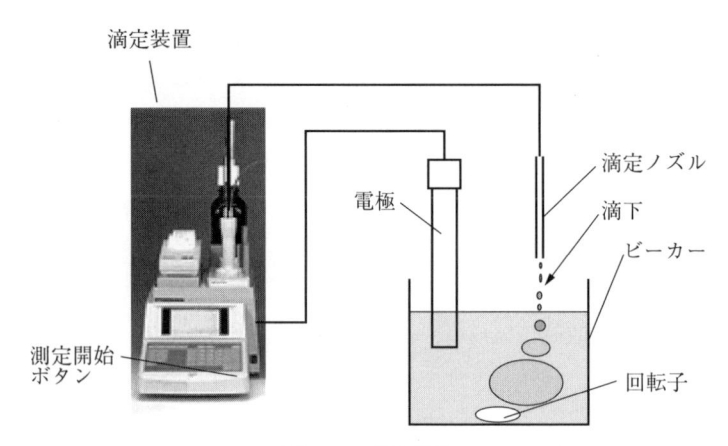

（ラベル：滴定試薬、ピストンビュレット、プリンタ、電極、ディスプレイ、ビーカー、制御器、スターラー）

図 1.2.1　滴定動作

（ラベル：滴定装置、電極、滴定ノズル、滴下、ビーカー、測定開始ボタン、回転子）

滴定動作が行なわれ，測定結果はディスプレイに表示されるとともにプリンタに印字記録し，またパソコンにデータを転送する機能を備えている．

2）測定操作

未知の試料をビーカーに入れ，電位差滴定装置の測定開始ボタンを押す（図 1.2.1）．

滴定装置は自動制御しながら測定対象の溶液成分と反応する滴定試薬をピストンビュレットからビーカーに滴下する．

ビーカーには反応の状態がわかるように電極が浸されていて，反応の当量点を過ぎるまで滴定する．滴定試薬の濃度と滴定量から試料の濃度が計算されて表示される．試料と滴定試薬との反応の当量点が，この滴定の終点である．

電位差滴定の滴定曲線の一例を図 1.2.2 に示す．この滴定曲線で電位変化が最大のところが，終点である．

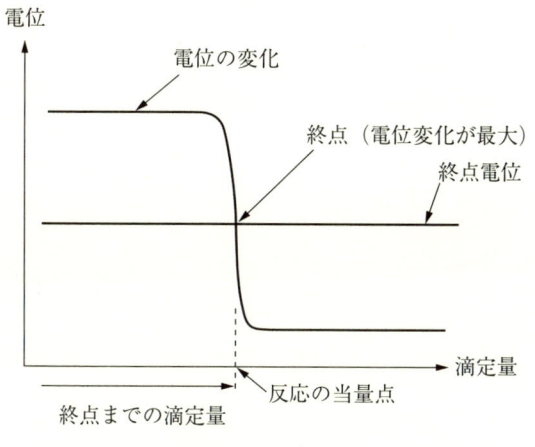

図 1.2.2 滴定曲線

この終点までに滴定した試薬量が未知試料と反応した量であり，使用した滴定試薬の量と濃度から測定対象の溶液成分量を知ることができる．このように，分析工程がほとんど自動化されているので操作が簡単で，分析熟練度に頼らない安定した測定値が得られ，その結果は個人差が非常に少ない．測定者の主な作業は，試料と滴定試薬の準備および使用する電極の選択である．

3）電極の原理

濃度を測定する電極は，原理的には"電池"の仕組みが使われている．電池は，異なる濃度の電解質溶液が接するとき，二液の間に濃度に応じたネルンスト（Nernst）の式に従った液間電位が発生する．電極はこの現象を利用している．アルカリ性や酸性，つまりpH（ペーハー）を測定するガラス電極もこの原理に基づいている．pHは水溶液の酸性やアルカリ性の度合を示す指標である．図 1.2.3 の水素イオンに選択的に応答するようにつくられているガラス薄膜*を挟んで溶液Ⅰと溶液Ⅱの水素イオン濃度が異なると二液は電気的に平衡しようとして起電力が生じる．これが液間電位として電圧計で測定できる．

溶液Ⅰはガラス電極内部に密封されている pH 7 緩衝液であり，溶液Ⅱは pH 測定のための試料である．

*ガラス薄膜：酸化ケイ素，酸化カルシウム，酸化ナトリウムからなるガラスで水素イオンを選択的に透過させる性質を有している．

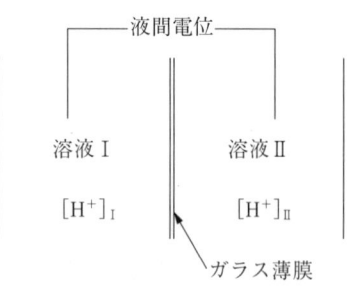

図 1.2.3　ガラス電極の模式図

液間電位はネルンストの式から

$$\Delta E = (RT/F) \cdot \ln([H^+]_{\mathrm{II}})/([H^+]_{\mathrm{I}})$$

　　R：気体定数　8.31431 JK^{-1}mol^{-1}
　　F：ファラデー定数　96485 クーロン／モル
　　T：絶対温度
　　[H$^+$]：水素イオンの活量

で表されるので，[H$^+$]$_{\mathrm{I}}$を一定にしておくと，[H$^+$]$_{\mathrm{II}}$の水素イオン活量のln（自然対数）の値に比例した電圧 ΔE が得られる．この電圧から [H$^+$]$_{\mathrm{II}}$ のpHを測定することができる．

このことから [H$^+$]$_{\mathrm{II}}$ を未知の試料として測定すればよい．

電極構造の一例を図 **1.2.4** に示す．ガラス電極のpH 7 の緩衝溶液が溶液Ⅰ([H$^+$]$_{\mathrm{I}}$)であり，ガラス薄膜を挟んで試料である溶液Ⅱ([H$^+$]$_{\mathrm{II}}$)との間に電位が生じる．溶液Ⅱには電気的に安定に接

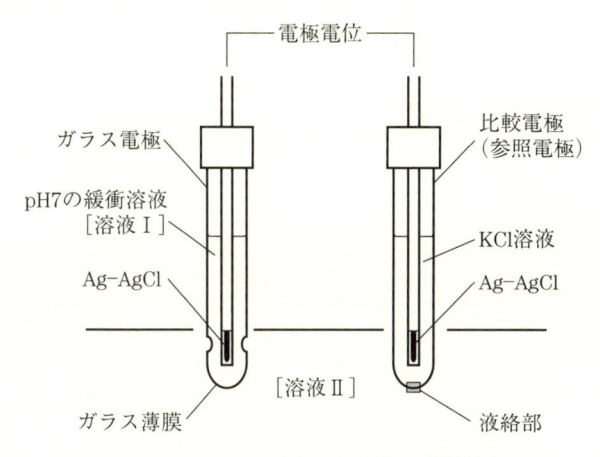

図 1.2.4　ガラス電極と比較電極の構造例

続される比較電極(あるいは参照電極ともいう)が浸され,この比較電極とガラス電極との間の電圧を電極電位として読み取る.電極の起電力は,理論的に1pHあたり約60mVである.実際の使用にあたっては,**表1.2.1**の標準液によって校正した電極を使用する.

また,ガラス電極以外の固体膜電極(F^-, I^-など)や液体膜電極(Cl^-, Na^+など)のイオン選択性電極があり,測定対象に合わせて使われている.

表1.2.1 pH標準液

名称 液温〔℃〕	*しゅう酸塩標準液	*フタル酸塩標準液	*中性りん酸塩標準液	*ほう酸塩標準液	*炭酸塩標準液	*飽和水酸化カルシウム溶液	*1/10モル水酸化ナトリウム溶液
	pH 1.6	pH 4	pH 7	pH 9	pH 10		
0	1.67	4.01	6.98	9.46	10.32	13.43	13.8
5	1.67	4.01	6.95	9.39	(10.25)	13.21	13.6
10	1.67	4.00	6.92	9.33	10.18	13.00	13.4
15	1.67	4.00	6.90	9.27	(10.12)	12.81	13.2
20	1.68	4.00	6.88	9.22	(10.07)	12.63	13.1
25	1.68	4.01	6.86	9.18	10.02	12.45	12.9
30	1.69	4.01	6.85	9.14	(9.97)	12.30	12.7
35	1.69	4.02	6.84	9.10	(9.93)	12.14	12.6
38					9.91		
40	1.70	4.03	6.84	9.07		11.99	12.4
45	1.70	4.04	6.83	9.04		11.84	12.3
50	1.71	4.06	6.83	9.01		11.70	12.2
55	1.72	4.08	6.84	8.99		11.58	12.0
60	1.73	4.10	6.84	8.96		11.45	11.9
70	1.74	4.12	6.85	8.93			
80	1.77	4.16	6.86	8.89			
90	1.80	4.20	6.88	8.85			
95	1.81	4.23	6.89	8.83			

〔注1〕*印の標準液はJIS Z 8802 "pH測定方法"に規定されたものである.
〔注2〕*印は正式の標準液ではないが,pH 11以上のpH測定に際し標準として用いることができる.

4）応用

ガラス電極を使った滴定に酸塩基滴定がある．一例として河川の汚染物質の一種でもあるエチニルエストラジオールの定量を示す．

〈分析法〉

硝酸銀 $AgNO_3$ を加えるとエチニル基（―C≡CH）から H^+ が生じるのでこれを水酸化ナトリウムで滴定する．

手順は，試料を乾燥し，0.2gを正確に量り，テトラヒドロフラン40mℓに溶かす．硝酸銀溶液10mℓを加えて H^+ を発生させ，これを0.1mol/ℓ水酸化ナトリウム液で終点まで酸塩基滴定する．

0.1mol/ℓ水酸化ナトリウム液1mℓは29.641mgエチニルエストラジオール $C_{20}H_{24}O_2$ に相当する．

（2）電量滴定装置

1）原理

前述の電位差滴定装置では，試料と反応させるための滴定試薬はビュレットから滴下したが，電量滴定は，ビュレットから滴下させる代わりに反応物質を電解析出させて，このとき要した電気量から未知試料物質の量を測定する方法である．

電気量 Q と析出物質の量（分子量 M の析出物質の質量 W）は，次式のファラデーの法則に従って比例関係にある．

$$W = QM/nF$$

　　n：反応にあずかる電子数
　　F：ファラデー定数で96,485クーロン／モル
　　　　2×96,485クーロンの電解量が水1モル（18g）に相当．

この方法の特徴は，微少電気量（電流×時間）を測定することが

容易であることから微量物質の定量分析に適している．

用途としては，水質測定用の COD 計や大気汚染物質測定用の SO_2 計などのように測定対象が定められた専用分析計に利用されている．

2) 応用

電量滴定装置で広く使われている分析計に，電量法によるカールフィッシャー水分計がある．この水分計は，特徴として微量水分を精度良く測定できるので，いろいろな工業製品，油製品から薬品中の水分測定まで各種製品の品質管理には欠かせないものである．

ⓐ 原理

次の化学式で示すように塩基 RN とアルコール CH_3OH の存在下で，水 H_2O はヨウ素 I_2 および二酸化硫黄 SO_2 と定量的に反応する．

$$H_2O + I_2 + SO_2 + CH_3OH + 3\,RN \longrightarrow 2\,RN \cdot HI + RN \cdot HSO_4CH_3$$

ヨウ素イオンを含む溶液中で電解を行なうことでヨウ素を発生させ，水との反応に必要な量を供給する．

$$2\,I^- \longrightarrow I_2 + 2\,e^-$$

従って，試料中の水分が無くなるまで，電解によって発生させたヨウ素と反応させて，それまでに要した電解電気量から水分量を測定することができる．

ⓑ 構成

装置の構成は，水分の有無を検出する電極，水と反応させるためのヨウ素 I_2 を発生させる滴定セル，電解動作を制御し，電極の電位や水分量を表示させる電気回路やディスプレイなどである．実際の装置は**写真 1.2.2** のような外観をしている．予め無水にしたカールフィッシャー試薬の入った滴定セルに試料を注入する．装置の測定開始ボタンを押すと，水分と反応するヨウ素を発生する電解滴定動作が自動的に行なわれ，測定結果はディスプレイに表示される．

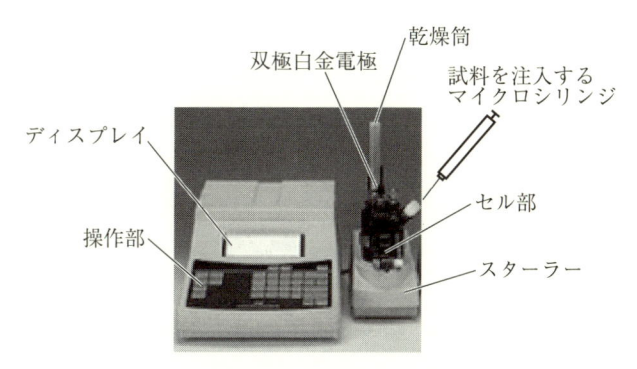

写真 1.2.2 カールフィッシャー水分計の外観例

また,プリンタに印字記録したり,またパソコンにデータを転送することもできる.

ⓒ双極白金電極

滴定セル内の試薬に含まれるヨウ素の量を検出して,反応終点を決定するのに双極白金電極(**図 1.2.5**)が使われる.

2本の白金間に数マイクロアンペア程度の微少電流を流して白金間の電圧を測定する.電解によって発生したヨウ素が水と反応して水分過剰の状態が継続している間は,二本の白金間には電流がほとんど流れない分極現象を示す.一方,反応終点を越えて僅かでもヨウ素過剰になると消極して急激に電流が流れ,二本の白金間の電圧は殆どゼロになる.この二本の白金間の電圧

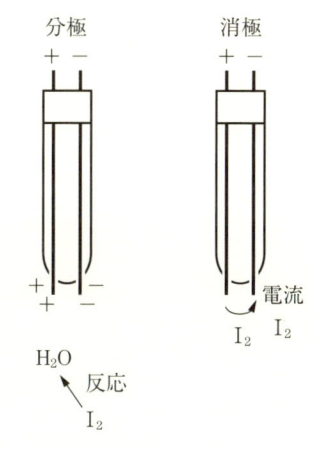

図 1.2.5 双極白金電極の分極と消極

(分極電圧ともいう)を測定して,滴定の反応終点を決めている.

ⓓ滴定セルの構造

滴定セルは,図 **1.2.6** に示すように双極白金電極,電解セル,回転子および乾燥筒で構成されている.滴定セルは大気中の水分が入って誤差を生じないように乾燥筒を通して大気開放している以外は密閉構造になっている.

電解セル内の二つの白金電極に電流を流すと,隔膜で隔てた両極間で電気分解が起こり,ヨウ素 I_2 が発生する.滴定セル中に水分 H_2O が存在している間は,I_2 は H_2O と反応して消費される.この状態では電極は分極したままである.やがて,H_2O が全て反応し終ると I_2 はヨウ素の状態で滴定セル内に留まる.このときの双極白金電極は消極状態である.

電極が消極するまでに要したヨウ素の量は,ヨウ素を発生させるために流した電気量に比例する.従って,この電解で消費した電気

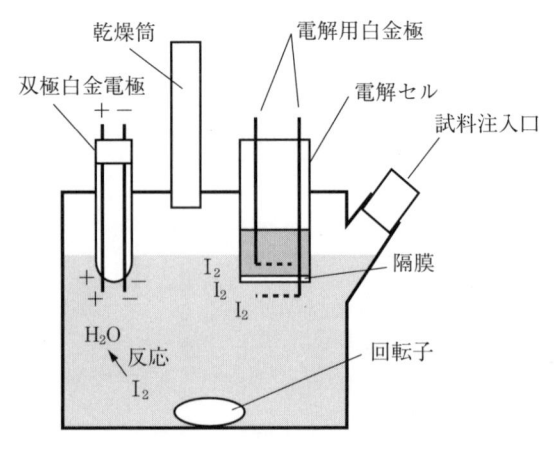

図 **1.2.6** 滴定セルの構造例

量が水分量を表す．

I_2 と H_2O の関係は 1 : 1 で反応するので，水 1 モル（18 g）が 2×96485 クーロンに相当する．すなわち，10.72 クーロンが 1 mgH_2O に相当する．これらのことから，ヨウ素を発生させた電気量を計測すれば水分量がわかることになる．

1-2-2 ポーラログラフ

参照電極を基準に作用電極に電圧をマイナス方向に加えていくと最初はわずかな電流しか流れないが，急激に電流が大きくなる点が現れる．その後電圧を増やしても電流は変わらず一定になる．急激に電流が流れるときの電圧は，物質の種類によって決まり（定性）一定になる電流の大きさは物質の濃度によって決まる（定量）．

ポーラログラフは，この現象を利用して定性，定量分析を行う装置である．ポーラログラフの構成例を図 **1.2.7** に示す．加電圧部で発生させた電圧と同じ電圧が参照電極 R に生じるように，補助電

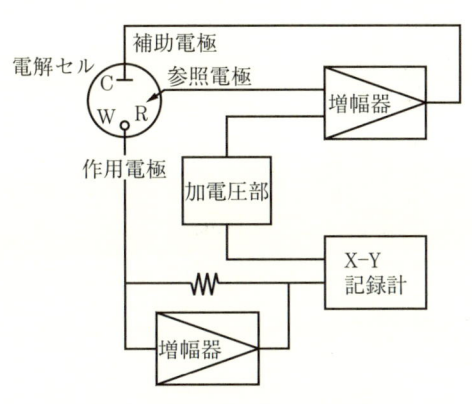

図 **1.2.7** ポーラログラフの構成例

極 C-作用電極 W 間に電流を流す．X-Y 記録計は，加電圧と電流の値を記録する（図 **1.2.8**）．

(1) 原理

最初の僅かしか流れない領域の電流を残余電流という．物質の種類によって急激に電流が増加する電圧は決まっている．鉛 Pb^{2+} であれば $-0.4\,V$ 前で還元電流が増えて，$-0.6\,V$ では Pb^{2+} が電極に向かって移動する物質の拡散速度に律束されて，電流は一定になる．

図 **1.2.8** は，鉛 Pb と亜鉛 Zn イオンが存在するときのポーラログラムで，その電圧―電流曲線を示す．図の $E_{1/2}$（半波電位）によって物質種がわかり，i_d（一定になった時の電流値）がそれぞれの物質の濃度に比例するので，試料の各濃度を分析することができる．

1-2-3 電解分析装置

金属を含んだ溶液に浸した二本の白金電極に電流を流すと，金属が白金電極に付着する現象がみられる．銅メッキや亜鉛メッキなど

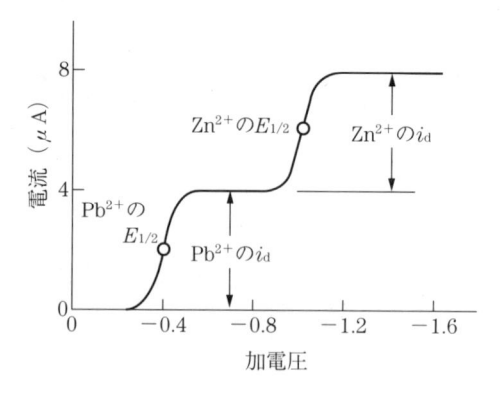

図 **1.2.8**　Pb^{2+} と Zn^{2+} のポーラログラム

のメッキ製品はこれを応用したものである．この現象を溶液中の金属の定量分析に応用したのが，電解分析装置である．

（1）原理

基本的構成要素は図 **1.2.9** のように，2本の白金電極（Pt）と，電極にかかる電圧を監視する電圧計と電解に要した電気量を知るための電流計および直流電源からなる．

例えば，銅イオンを含む酸性溶液の電解を行うと，銅イオンは陰極から電子を受け取り銅は陰極に析出する．

$$Cu^{2+} + 2e^- \longrightarrow Cu$$

銅イオンが完全に陰極の白金に析出したのち，測定前の陰極重量と測定後の陰極重量の差（増加量）から銅の定量ができる．

しかし，金属が2種類以上である場合はそれぞれの金属を選択的に電解析出させる必要がある．それぞれの金属が電解を始める電圧は，図 **1.2.10** にその例を示す．

金属名の書いている位置が，その金属の電解電圧を決める陰極電

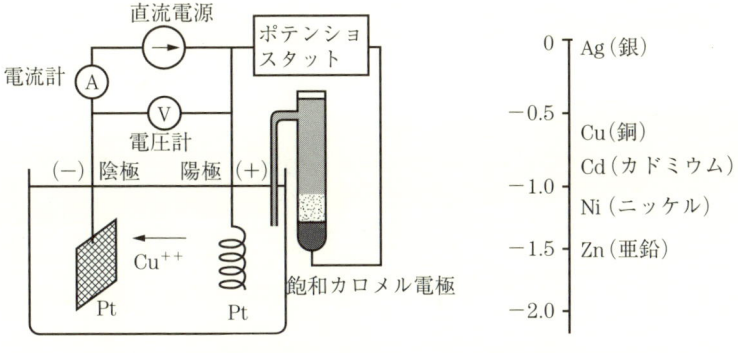

図 1.2.9 電解分析装置の構成

図 1.2.10 陰極電位の例

位である.例えば銅 Cu の場合,図から $-0.6\,\mathrm{V}$ とわかる.

電解電圧を決める陰極電位は,電解に使用する白金電極間の電圧では不安定であるため,別途飽和カロメル電極を参照電極にして陰極電位を測定する.この陰極電位が一定電位を保つように,電解電流を加えることで目的とする金属の析出が可能となる.このように,一定電位で電解を行なう装置を定電位電解装置といい,電位を一定に保って電解する装置であるからポテンショスタット*ともいう.

(2) 操作

装置は一定電位になるように自動的に電解を行なうものであるから操作は容易である.分析にあたっては,設定した陰極電位以下の金属は全て析出するので,注意が必要である.

1-2-4 導電率計(電気伝導率計)

試料の電解質イオンは,電気の移動の容易さと比例している.この電気の移動の容易さを示すのが導電率である.

(1) 原理

相対した白金板間の電子移動の容易さを考えたとき,白金板の間の距離 $\ell\,\mathrm{cm}$ が小さいほど電気は流れやすく,白金板の面積 $\mathrm{A\,cm^2}$ が大きいほど電気は流れやすい(図 **1.2.11**).つまり,導電率 S は次式で表現できる.

$S = \theta \cdot \mathrm{A}/\ell$

θ はセルの構造に起因する定数でセル定数という.

---

*ポテンショスタット:電圧を一定に保って電流を自動制御しながら電解を行う装置.

電極間には,電解が起きない交流電圧を印加し,その電流から導電率を計算する.セル定数 θ は,あらかじめ導電率が既知の溶液(KCl 標準溶液)*から算出しておく.

塩化カリウムはめのう乳鉢で粉末にし,105℃で2時間加熱し,デシケーター中で放冷したものを使用する.水は,3 μS/cm より小さい導電率の水を用いる.

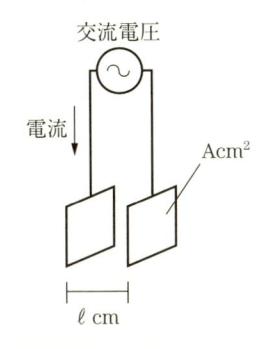

図 1.2.11 導電率計の電極

(a) 塩化カリウム標準液(A) 塩化カリウム 74.246 g をはかりとり,水に溶かして全量フラスコ 1000 mL に移し入れ,水を標線(1000 mL)まで加える.

(b) 塩化カリウム標準液(B) 塩化カリウム 7.437 g をはかりとり,水に溶かして全量フラスコ 1000 mL に移し入れ,水を標線(1000 mL)まで加える.

(c) 塩化カリウム標準液(C) 塩化カリウム 0.744 g をはかりとり,水に溶かして全量フラスコ 1000 mL に移し入れ,水を標線(1000 mL)まで加える.

表 1.2.2 塩化カリウム標準液(A~C)の導電率(単位 mS/cm)

塩化カリウム標準液	温度(℃)		
	0	18	25
A	65.18	97.84	111.34
B	7.14	11.17	12.86
C	0.774	1.221	1.409

*塩化カリウム標準液の調製方法(JIS K 0130)[3]

メーター → 　　　　　　← 導電率セル
　　　　　　　　　　　← ビーカー

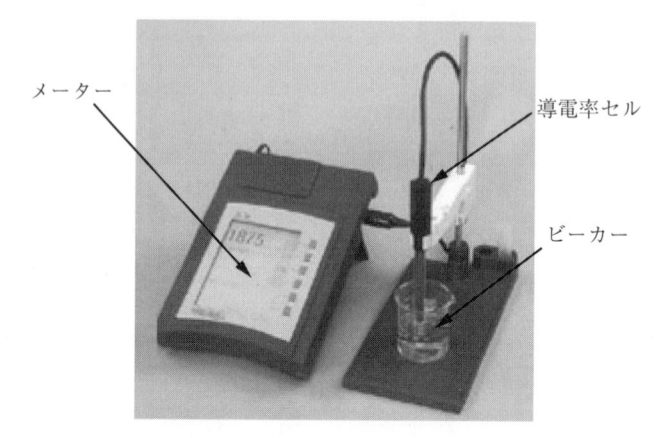

写真 1.2.3 導電率計の外観例

(2) 構成

導電率計は導電率セルとメーターで構成され，測定は**写真 1.2.3**でみられるように試料の入ったビーカーに導電率セルを浸漬しメーターの値を読み取る．

(3) 応用

電位差自動滴定装置と組合せ導電率セルを電極として利用する導電率滴定は，非常に弱い酸の滴定ができる．例えば，0.10 M HClと 0.10 M CH₃COOH 混合溶液を 0.10 M NaOH で滴定する導電率滴定である．その他，溶液中のイオンを高感度測定できるので，簡易的な水質汚染の監視や，化学プ

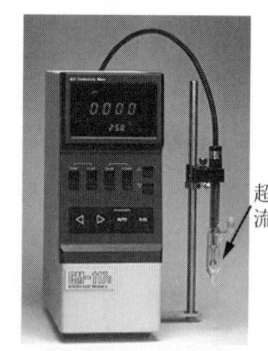

← 超純水用流通セル

写真 1.2.4 超純水用導電率計

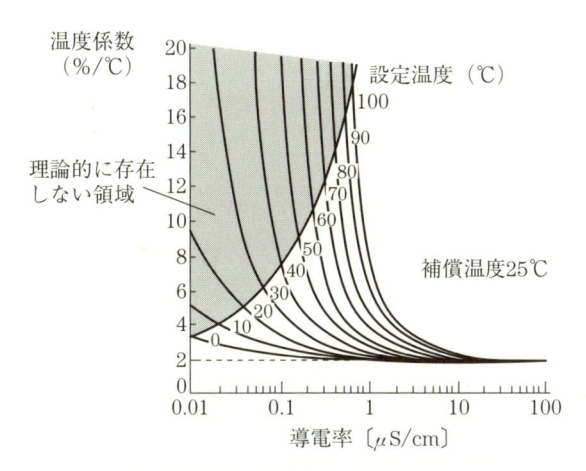

図 1.2.12 超純水領域での導電率,温度係数,温度の関係

ラントなどで連続の濃度監視計として利用されている.

また,導電率の温度補償は,通常 2%/℃前後の温度係数で行なわれるが,$1\mu S/cm$ 以下の超純水の領域になると水の乖離による導電率の変化が無視できなくなり,測定温度と導電率値によって温度係数を変化させなければならない.この温度係数の変化に自動的に対応できるようにした導電率計は,超純水の純度評価に使われる(**写真 1.2.4**).

図 1.2.12 は測定温度をパラメータにした導電率と温度係数との関係グラフである.超純水用導電率計は,この補正計算を自動的に行って表示している. (京都電子工業㈱ 古川良知)

参考文献

1) 分析機器の手引き 日本分析機器工業会発行 2001 年
2) 日置, 札川, 久保田, 川瀬:Zn, Cd, Co, Cu, Pb, Mn 標準液間のトレーサビリティ

1–3 光分析とその応用

 光分析法の中で分光法を用いた装置には可視・紫外分光光度計（分光光度計），分光蛍光光度計，赤外分光光度計，原子吸光光度計，ICP発光分析装置などがある．これらの装置は，物質の光を吸収あるいは発する性質を利用して，何があるか（定性分析），どれ位あるか（定量分析），どのような構造をしているのか（解析），あるいはその物質がどのような特徴を有しているかを判定することができる．

 ここでは代表的な装置である分光光度計，分光蛍光光度計，赤外分光光度計，原子吸光光度計，ICP発光分析装置を取り上げ，それぞれの装置の測定原理と測定の仕組みを解説する．

1–3–1 分光光度計

 ここで，まず光とは何かを考えてみよう．光は私達の周りにあたり前のように存在している．実はこの光はラジオ，テレビの電波やレントゲンに使われるX線と同じ電磁波の一種なのである．図 **1.3.1** に電磁波の特性を示す．

 図 1.3.1 から分かるように，一般に波長 4 mm から 50 nm の範囲の電磁波を光と称している．また，その中でも，波長が 200～400 nm の範囲を一般に紫外（UV：Ultra Violet），400～800 nm の範囲を可視（VIS：Visible），800 nm～1 mm 付近を赤外（IR：Infra Red）と呼んでいる．この中でもその名のとおり可視光線だけが私たちの目に「色」として見ることができる．赤色や青色というのは「波長」によって決まっている．虹の色の並び方がいつも同じなのもこの理屈である．一方，紫外光線や赤外光線は人の目で見ることはできない（図 **1.3.2**）．

1-3 光分析とその応用

波長	波数(cm^{-1})	振動数(1/sec)	呼　　称		
50m		$6×10^6$	短波		電波
10m		$3×10^7$	超短波		
1m		$3×10^6$	マイクロ波		
4mm	2.5	$7.5×10^{10}$	遠赤外	赤外線	
25μm	400	$1.2×10^{12}$	赤外		
2.5μm	4000	$1.2×10^{14}$	近赤外		光
750nm	$1.33×10^4$	$4×10^{15}$	赤紫 可視	可視光線	
400nm	$2.5×10^4$	$7.5×10^{15}$	近紫外	紫外線	
200nm	$5×10^4$	$1.5×10^{15}$	真空紫外		
50nm	$2×10^5$	$6×10^{16}$	X線		
0.005nm		$6×10^{20}$	γ線		

図 **1.3.1**　電磁波の特性

★紫外域：200nm〜400nm，可視域：400nm〜800nm，赤外域：800nm〜1mm

呼称	紫外	可視	赤外

紫　青　緑　青　緑　黄　黄　橙　赤
　　　　　青緑　　緑

200nm　　　400nm　　　　　　　　800nm

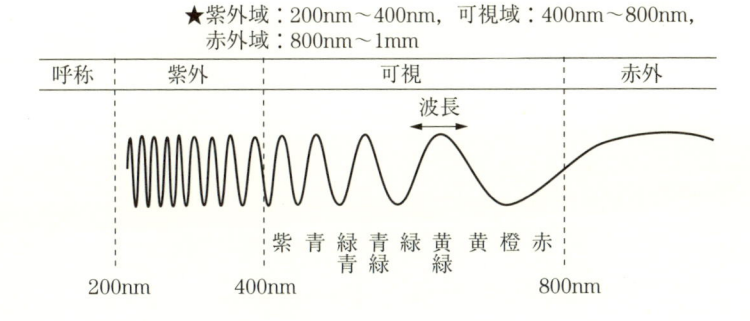

図 **1.3.2**　可視・紫外光線

(1) 測定の原理

光源 (一般には連続波長光源) からの光を分光部により, 目的波長 (単色光) を取り出す. 一方, 試料はセルと呼ばれる透明容器に入れられ, 光軸上に設置される. 単色光をセルに通すことにより, 試料中の目的物質による吸収を観測する. 単色光を波長順に走査することにより吸収スペクトルが得られ, このスペクトルより, 目的物質の特徴, 性質を判定することができる. また, 一定波長における吸収量 (吸光度) を測定することにより, 濃度を定量することができる.

試料中の目的物質の濃度は吸光度に比例する.

セルに入射する光を I_0, セルを透過した光を I とすると, 透過度は I/I_0 になる ($I/I_0\times100$ を透過率という). セルの長さ (液相の厚さ) を L (光路長という), 目的物質の濃度を C, 物質特有の吸収定数を ε (モル吸光係数) とすると, 透過度は $10^{-\varepsilon CL}$ となる. 吸光度は, 透過度の逆数の対数であり, モル吸光係数と濃度と光路長に比例していることが分かる. この式をランバート・ベールの法則 (最近はブーゲ・ベールの法則と呼ばれる) という.

Lambert–Beer (ランバート・ベール) の法則

溶質 (呈色物質) の吸光度 (Abs) は, 溶液の濃度 (C) と液層の厚さ (L) に比例する.

$T=(I/I_0)=10^{-\varepsilon CL}$ ……………………………… 式 (1)

$\%T=T\times100$ ……式 (2)

$\mathrm{Abs}=\mathrm{Log}(1/T)=\mathrm{Log}(I_0/I)=\varepsilon CL$ ……式 (3)

注 1) Lambert–Beer の法則は, ISO/DIS/JIS では Bouger–Beer の法則と呼ばれる.

注 2) モル吸光係数とは物質 (溶液) に特有な定数である.

一方,反射光を測定することにより,対象物質の特性を判定することもできる.分光光度計で測定される物質は基本的には有機化合物である.金属元素等の測定の際は金属元素にキレート物質などを結合することにより,測定が可能になる.近年はガラスやレンズ等の材料の特性評価などにも応用されるようになってきた.

(2) 構成

分光光度計は主に光源,分光器部,試料室部,検出部から構成される.光源は連続光を発するものが用いられ,可視部測定用にタングステンランプ,紫外部測定用に重水素放電管が用いられる(図1.3.3).可視分光光度計ではタングステンランプのみが装着されている.可視・紫外分光光度計ではタングステンランプと重水素放電管が装着されており,波長領域により使用するランプを切り替えるようにしている.

種 類	タングステン	重水素放電管
記 号	W, WI	D_2
特 性	300〜3000nmの連続スペクトルを放射する	300nmに極大エネルギーを持ち168〜500nmの連続スペクトルを放射する
波長範囲	340〜1100nm	185〜360nm
分光エネルギー	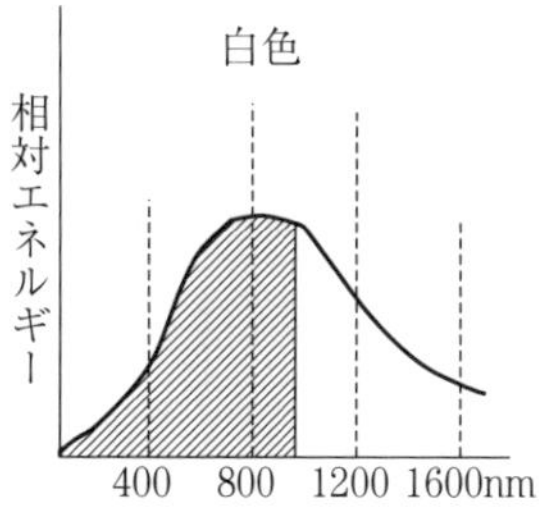 白色(400〜1600nm 相対エネルギー)	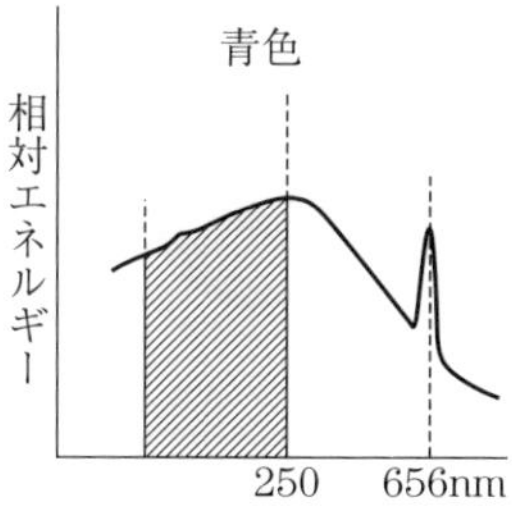 青色(250〜656nm 相対エネルギー)

図 1.3.3 光源の種類とその特性

分光器部は光源の連続光から単色光を取り出す働きをしており，入出射スリットおよび分光素子で構成される．分光素子としてはフィルタ，プリズム，グレーティング（回折格子）が用いられる．フィルタは特定波長を透過するもので，波長が固定される．プリズムは水晶等の物質からなり，屈折率の違いにより光を分光する．グレーティング（回折格子）は表面に細い溝を切り（300～1200本/mm），表面の回折現象により，分光する（レコード盤に光を当てた時，虹が見える現象に同じ）（図 1.3.4）．

試料室部は試料を設置する部位であり，ここに試料を入れたセルが設置される．セルにはいろいろな種類があり用途に応じ，使われる（図 1.3.5）．

検出部は試料からの透過光を検出する部分で，光信号を電気信号に変換する．光電池（ホトセル）や光電子増倍管（ホトマルチプライア，ホトマルと略す時がある）などがある（図 1.3.6）．

	フィルタ	プリズム	グレーティング（回折格子）
特徴	一枚のフィルタで単波長の取り出しが可．回折格子と組み合わせで迷光カットにも使用される．	175～2700nm 間のスペクトルを分光可．分散度が波長によって異なり，長波長ほど分散が悪くなる．	分散が全波長均一，一枚の回折格子で広域波長が得られる．また一定スリット幅で一定のスペクトルが得られる．
種類と材料		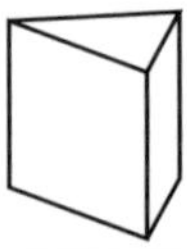	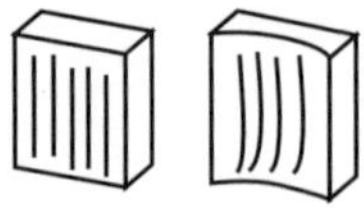
	色ガラスフィルタ 干渉フィルタ	水晶または溶融石英	平面回折格子 凹面回折格子

図 1.3.4　分光素子とその特性

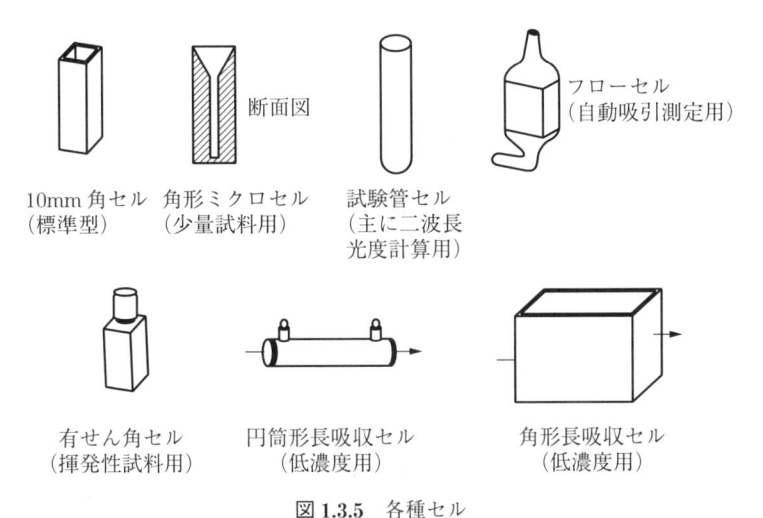

1-3 光分析とその応用

- 10mm角セル（標準型）
- 角形ミクロセル（少量試料用） 断面図
- 試験管セル（主に二波長光度計算用）
- フローセル（自動吸引測定用）
- 有せん角セル（揮発性試料用）
- 円筒形長吸収セル（低濃度用）
- 角形長吸収セル（低濃度用）

図 1.3.5　各種セル

光電池（ホトセル）	光電子増倍管（ホトマル）
可視域のみに感度がある光電池を使用．セレン（Se）光電池が代表的なもの．小型で比較的短波長の光にも感度がある． 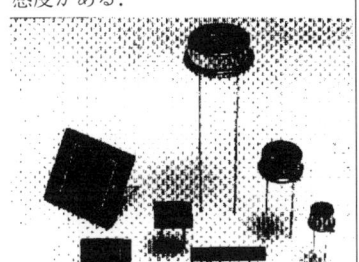	紫外・可視部ともに感度がある光電管と増幅器（約10倍増幅）を兼ね備えたもので，印加電圧の増大によって感度を大幅に変えられる．長波長域（900nm以上）では感度が低い．

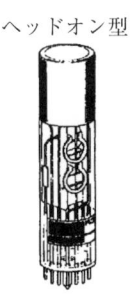

サイドオン型　ヘッドオン型

図 1.3.6　検出器の種類とその特性

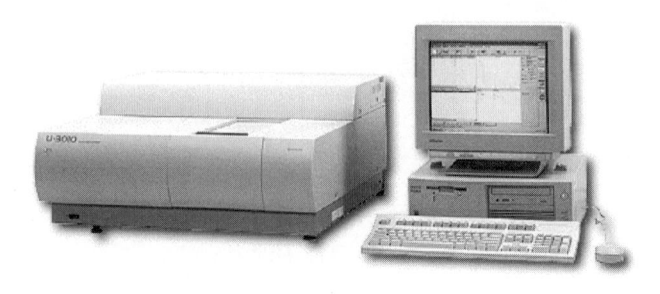

写真 1.3.1 紫外・可視分光光度計

分光光度計には単機能で安価なものから高性能で高価なものまである．例えば，フィルター式で単機能なものは環境水の水質チェッカーとして利用されている．シングルビーム方式のものは製造工程のチェッカーやルーチンワークの確認用として用いられる．また，溶媒の影響を除くためにダブルビーム方式が，特に濃度の低い試料や共存物の存在する試料にはさらにダブルモノクロ方式（分光器をシリーズに配置したもの）が使用される．前述したように近年光学材料やカメラレンズの性能評価にも使用され，さらに用途は広がっている．これらの特殊用途には特に大きな試料室を有するなど，融通に富んだ構造となっている．装置の一例を**写真 1.3.1** に示す．

光源から検出部まで一体化され，パソコンにより光源の切替え，波長走査，検出器の感度調整など各種制御および測定モードの設定が行われ，また得られた結果の表示，各種演算などのデータ処理が行われる．

（3）測定

分光光度計で測定する場合，特定物質を発色させるため試薬を添加することがしばしば行われる．通常は前処理として行い，試薬が添加された後，溶液をセルに移しかえて測定を行う．近年，多機能

1-3 光分析とその応用

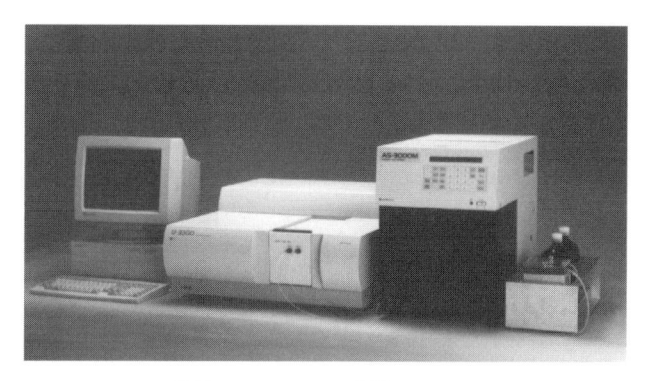

写真 1.3.2 シアン分析システム

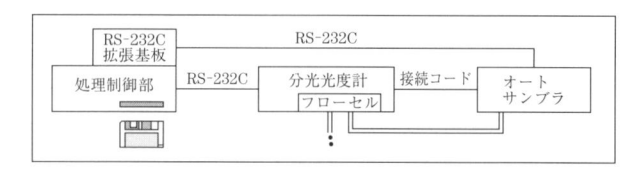

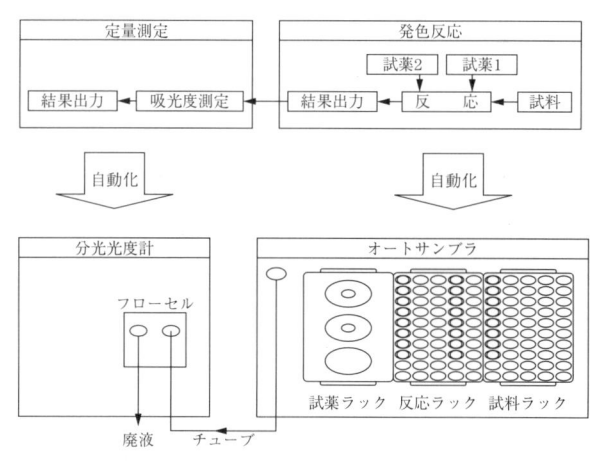

図 1.3.7 シアン分析システム構成例

分析法

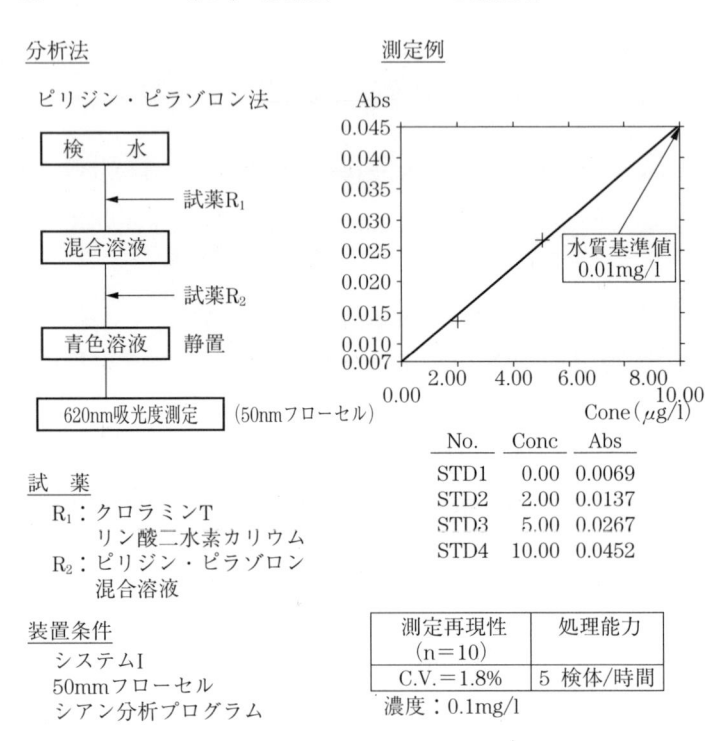

ピリジン・ピラゾロン法

```
┌─────────┐
│ 検　水  │
└─────────┘
     │ ← 試薬 $R_1$
┌─────────┐
│ 混合溶液 │
└─────────┘
     │ ← 試薬 $R_2$
┌─────────┐
│ 青色溶液 │ 静置
└─────────┘
     │
┌──────────────────┐
│ 620nm吸光度測定   │ (50nmフローセル)
└──────────────────┘
```

試　薬
　R_1：クロラミンT
　　　リン酸二水素カリウム
　R_2：ピリジン・ピラゾロン
　　　混合溶液

装置条件
　システム I
　50mmフローセル
　シアン分析プログラム

測定例

水質基準値 0.01mg/l

No.	Conc	Abs
STD1	0.00	0.0069
STD2	2.00	0.0137
STD3	5.00	0.0267
STD4	10.00	0.0452

測定再現性 (n=10)	処理能力
C.V.=1.8%	5 検体/時間

濃度：0.1mg/l

図 1.3.8　分光光度計によるシアン測定例

オートサンプラを用いこれらの行程を自動化し，あたかも専用機として使用されることが多くなっている．測定例として，オートサンプラと連結したシアンの自動測定を示す[2)3)4)5)]．

1-3-2　分光蛍光光度計

(1) 測定の原理

光源（一般には連続波長光源）の光から単色光を取り出し，この光を試料に照射する．照射された試料中に含まれる物質からの蛍光

を分光分析することにより，物質の定性，定量分析を行う．蛍光の発光強度は光源強度に依存することから，特に強度の高い光源が用いられる．連続光は第一分光器（励起側分光器と呼ぶ）で目的波長（単色光）を取り出される．試料はセルと呼ばれる透明容器に入れられ，光軸上に設置される．単色光をセルに照射すると試料中の目的物質により蛍光が発せられる．励起用分光器の光軸と直行する方向に試料からの蛍光を取り出し第二分光器（蛍光側分光器と呼ぶ）に導入し，分光分析を行う．一定波長における蛍光強度を測定することにより，定量することができる．また，分光器を波長順に走査することにより蛍光スペクトルが得られ，このスペクトルより，目的物質の定性ができる．

最近は，励起側分光器，蛍光側分光器の両方を走査することにより，3次元スペクトルを得ることもできる．測定対象は分光光度計の場合と同じ有機化合物である．蛍光を発する物質の場合，分光光度計より，高感度で測定できる．図 **1.3.9** に分光蛍光光度計の構成を示す．

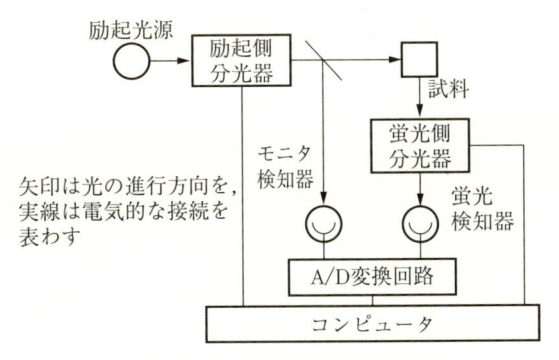

図 1.3.9 分光蛍光光度計の構成

（2）構成

分光蛍光光度計は主に光源，第一分光器部（励起側分光器），試料室部，第二分光器（蛍光側分光器），検出部から構成される．光源は連続光を発するものが用いられ，強度の強いキセノンランプが用いられる．励起側分光器は光源の連続光から単色光を取り出す働きをしており，入出射スリットおよび分光素子で構成される．分光素子としてはグレーティング（回折格子）が用いられる．試料室部は試料を設置する部位であり，ここに試料を入れたセルが設置される．セルには一般に無蛍光セルが用いられる．試料室での光軸は励起側分光器の光軸と蛍光側分光器の光軸とが直交するようになっている．これは蛍光側分光器に励起側分光器からの光がはいらないようにするためである．蛍光側分光器は試料から発せられた蛍光を分光する．分光器の構成は励起側分光器と同様である．検出部は蛍光側分光器からの光を検出する部分で，光信号を電気信号に変換する．

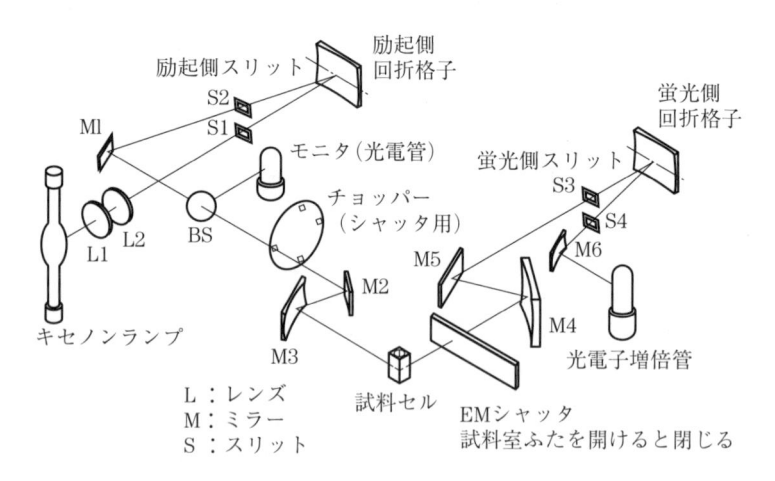

図 1.3.10　分光蛍光光度計の光学系統例

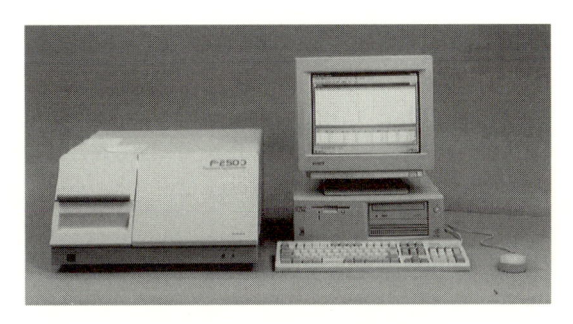

写真 1.3.3 分光蛍光光度計の例

光電子増倍管（ホトマルチプライア）が用いられる．

図 1.3.10 に分光蛍光光度計の光学系統例を示す．

装置の一例を**写真 1.3.3** に示す．

光源から検出部まで一体化されている．パソコンにより励起側分光器の波長制御や蛍光側分光器の波長制御および検出器の感度設定等の制御からデータ処理まで行われる．近年，励起側分光器の波長と蛍光側分光器の波長を互いに走査することにより，三次元的スペクトルが得られ，物質の定性がより確実に行われるようになった．

（3）測定

分光蛍光光度計で測定する場合，特定物質に蛍光を発させるため試薬を添加したり，測定の妨害となる他の蛍光物質を除去することがしばしば行われる．通常は前処理として行い，試薬が添加された後，溶液をセルに移しかえて測定を行う．測定例として，オートサンプラと連結し，これらの操作を自動化した軽油識別システム（軽油中のクマリン分析）の自動測定を示す．ガソリンや軽油は有税（ガソリンは国税，軽油は地方税）であるのに対し，周辺油種に属する灯油やA重油は無税である．これを利用し，軽油やA重油に

混油(水増し)した不正軽油(混油軽油)を燃料としてディーゼル車に使用することがしばしば行われている.そこで国は脱税防止を目的に,灯油およびA重油に「マーカーとしてのクマリン」を添加して,軽油を分析し,マーカーが検出された場合にはその混和度合いに応じて徴税を科すと同時に行政処分を行う施策が1991年からスタートしている.

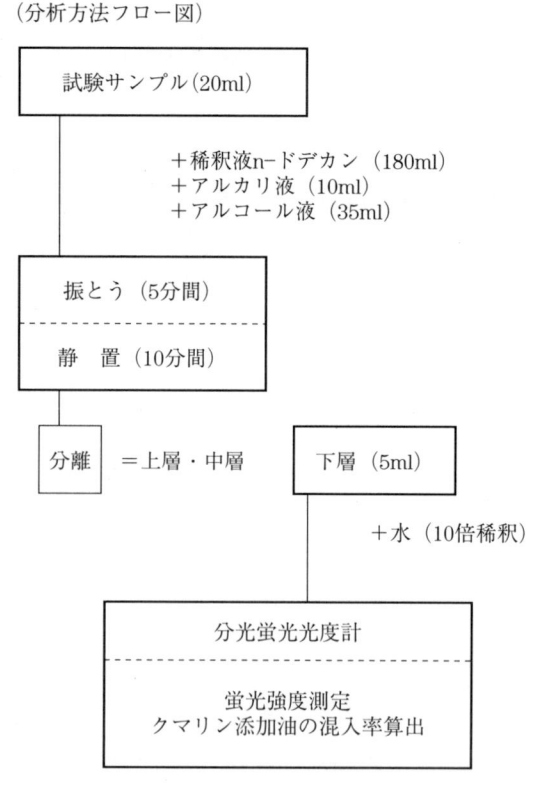

(分析方法フロー図)

```
         ┌──────────────────┐
         │ 試験サンプル(20ml) │
         └─────────┬────────┘
                   │   ＋稀釈液n-ドデカン (180ml)
                   │   ＋アルカリ液 (10ml)
                   │   ＋アルコール液 (35ml)
         ┌─────────┴────────┐
         │  振とう (5分間)    │
         │- - - - - - - - - -│
         │  静 置 (10分間)   │
         └─────────┬────────┘
                   │
      ┌──────┐           ┌──────────┐
      │ 分離 │＝上層・中層  │ 下層(5ml) │
      └──────┘           └─────┬────┘
                               │ ＋水(10倍稀釈)
                     ┌─────────┴────────┐
                     │   分光蛍光光度計   │
                     │- - - - - - - - - -│
                     │   蛍光強度測定     │
                     │クマリン添加油の混入率算出│
                     └──────────────────┘
```

図 1.3.11 軽油中のクマリン分析の操作フロー[7]

<<サンプル測定結果>>

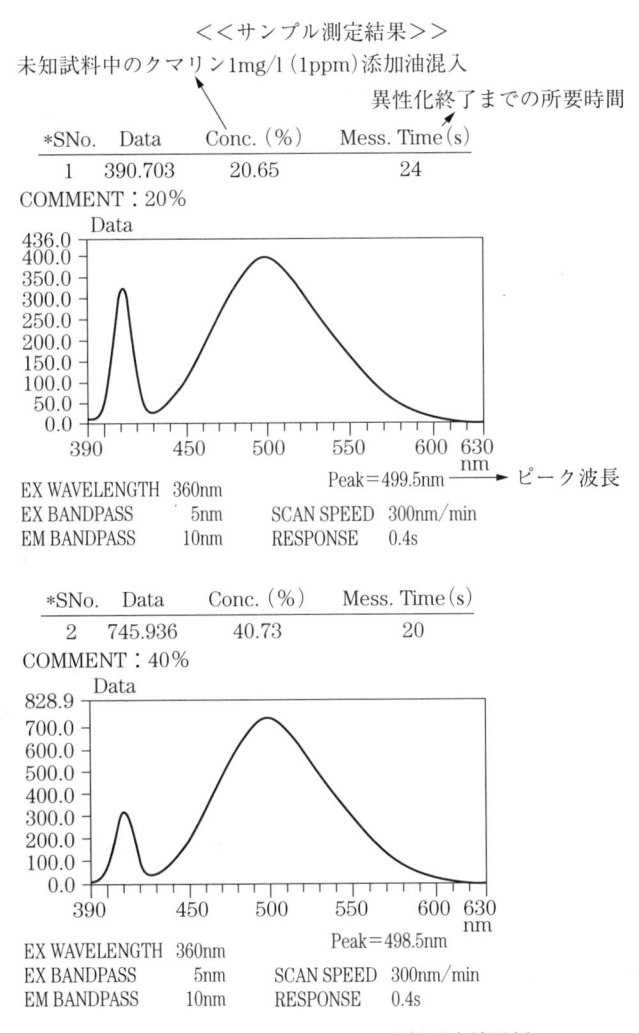

未知試料中のクマリン1mg/l(1ppm)添加油混入

異性化終了までの所要時間

*SNo.	Data	Conc.(%)	Mess. Time(s)
1	390.703	20.65	24

COMMENT：20%

Peak=499.5nm ──→ ピーク波長

EX WAVELENGTH　360nm
EX BANDPASS　　5nm　　SCAN SPEED　300nm/min
EM BANDPASS　　10nm　　RESPONSE　　0.4s

*SNo.	Data	Conc.(%)	Mess. Time(s)
2	745.936	40.73	20

COMMENT：40%

Peak=498.5nm

EX WAVELENGTH　360nm
EX BANDPASS　　5nm　　SCAN SPEED　300nm/min
EM BANDPASS　　10nm　　RESPONSE　　0.4s

図 1.3.12 軽油中のクマリン分析測定結果例

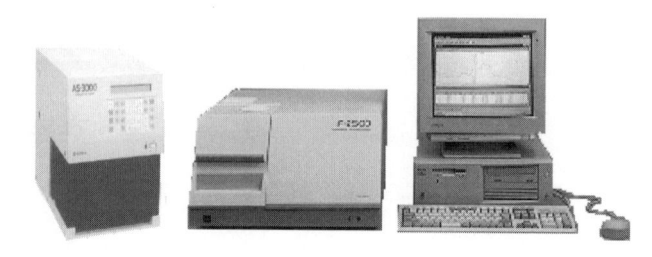

写真 1.3.4 軽油識別システムの例

1-3-3 原子吸光分光光度計

原子吸光分光光度計（原子吸光光度計）は主に金属元素の濃度を測定する（定量分析）装置である．

図 1.3.13 に原子吸光分光光度計で測定可能な元素を示す．約70元素の測定が可能である（ランプ製作から実質約50元素と言われる）．測定濃度範囲は後述する手法によって異なるが ppb～ppm オ

Ia	IIa	IIIa	IVa	Va	VIa	VIIa		VIII		Ib	IIb	IIIb	IVb	Vb	VIb	VIIb	0
1 H																	2 He
3 Li	4 Be											5 B	6 C	7 N	8 O	9 F	10 Ne
11 Na	12 Mg											13 Al	14 Si	15 P	16 S	17 Cl	18 Ar
19 K	20 Ca	21 Sc	22 Ti	23 V	24 Cr	25 Mn	26 Fe	27 Co	28 Ni	29 Cu	30 Zn	31 Ga	32 Ge	33 As	34 Se	35 Br	36 Kr
37 Rd	38 Sr	39 Y	40 Zr	41 Nb	42 Mo	43 Tc	44 Ru	45 Rh	46 Pd	47 Ag	48 Cd	49 In	50 Sn	51 Sd	52 Te	53 I	54 Xe
55 Cs	56 Ba	57 La	72 Hf	73 Ta	74 W	75 Re	76 Os	77 Ir	78 Pt	79 Au	80 Hg	81 Tl	82 Pd	83 Bi	84 Po	85 At	86 Rn
87 Fr	88 Ra	89 Ac															

	58 Ce	59 Pr	60 Nd	61 Pm	62 Sm	63 Eu	64 Gd	65 Tb	66 Dy	67 Ho	68 Er	69 Tm	70 Yb	71 Lu
Lanthanides														
Actinides	90 Th	91 Pa	92 U	93 Np	94 Pu	95 An	96 Cm	97 Bk	98 Cf	99 Es	100 Fm	101 Md	102 No	103 Lr

図 1.3.13 測定対象元素

ーダーである.また,使用分野は環境,品質管理,医学,食品などあらゆる分野に及ぶ.

(1) 測定の原理

原子吸光分光光度計の考え方は基本的には分光光度計と同じである.ただし測定対象が金属元素であることにより,各部位における構造が著しく異なる.金属元素のスペクトルは有機化合物に比べ,非常にシャープである.一般には 0.004 nm 程度と言われている.光源はこのシャープなスペクトルにより効率良く吸収されるよう,中空陰極ランプ(Hollow Cathode Lamp)と呼ばれる光源を用いる.

一方,試料は霧化器により吸引霧化され,その後,バーナーに導入される.バーナーには空気とアセチレンの燃焼炎が連続的に維持されており霧化された試料はこのバーナー中で加熱され,試料中の

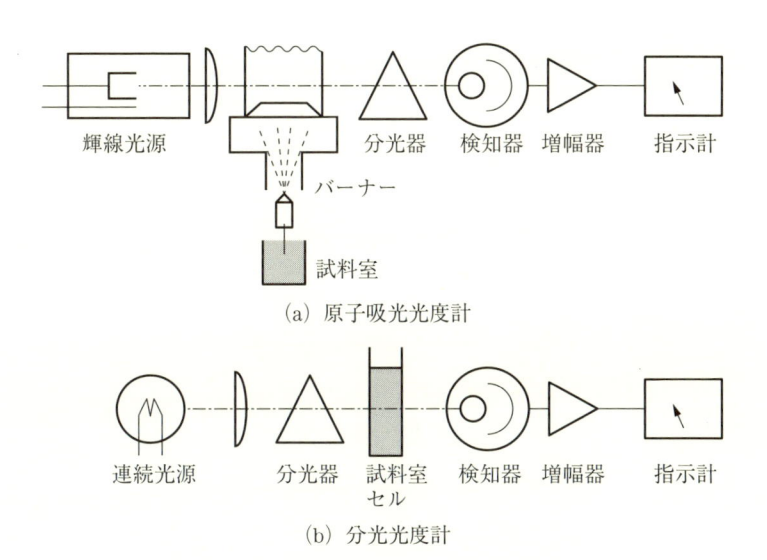

(a) 原子吸光光度計

輝線光源　　バーナー　分光器　検知器　増幅器　指示計

試料室

(b) 分光光度計

連続光源　分光器　試料室セル　検知器　増幅器　指示計

図 1.3.14　原子吸光光度計と分光光度計の比較

金属元素が原子化される.この原子化された金属元素が光源の光を,吸収する.その後光は分光部に入り分光器により目的波長(単色光)が選択され,検出器で電気信号に変換される.このようにして吸光度が測定される.ここで分かるようにバーナーに入射する光をI_0,バーナーを透過した光をIとすると,透過度はI/I_0になる($I/I_0×100$を透過率という).この関係は紫外・可視分光光度計の場合と全く同様であり,前項で前述したランバート・ベールの法則に従う.

(2) 構成

原子吸光分光光度計は主に光源,原子化部,分光器部,検出部から構成される.光源は中空陰極ランプ(Hollow Cathode Lamp)と呼ばれ,目的元素からなる陰極が用いられる(図 1.3.15).中央が空洞になっている(中空)のは効率良く目的元素の光を発光させるためである[8].

原子化部は試料中の目的元素を原子化し,吸収を起こさせる部位である.

・フレーム法:試料は霧化器(nebulizer)により吸引され,バーナー部に導入されここで原子化される.バーナー部ではガス制

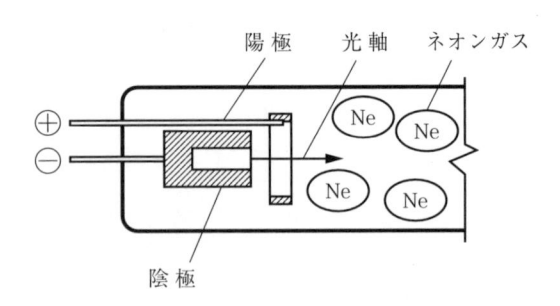

図 1.3.15 中空陰極ランプ(ホローカソードランプ)

御部で流量制御された空気とアセチレンが連続的に燃焼されており（空気—アセチレン炎），この炎に試料が霧化状態で導入されることにより，元素が原子化される．ppmオーダーの測定ができる．図 **1.3.16** に原子化部（バーナー部）を示す．元素の中には空気—アセチレン炎では原子化できないものがあり，その場合にはより温度の高い酸化二窒素—アセチレン炎を用いる．バーナー部には各々対応するバーナー（標準バーナーおよび高温バーナー）があり，炎により使い分ける．表 **1.3.1** に標準バーナーと高温バーナーの比較を示す．

・**加熱電気炉法**：黒鉛（グラファイト）からなる管に試料を数 $10\,\mu\ell$ 注入し，大電流を流して，それにより得られる熱で試料

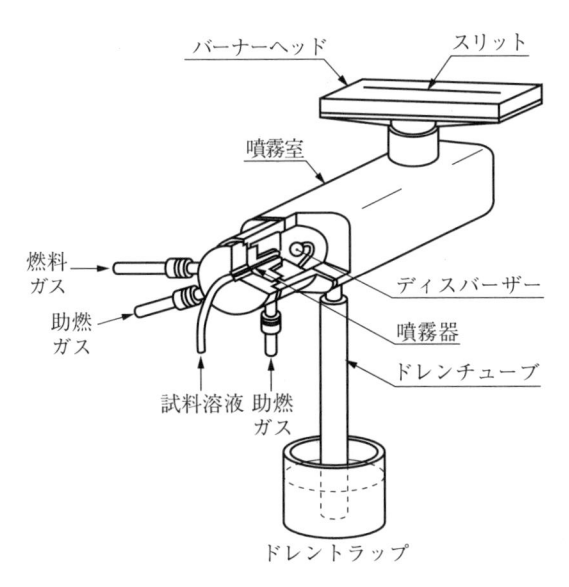

図 1.3.16 バーナー部の構造[9]

中の元素を原子化する．電流を制御することにより乾燥，灰化，原子化のステージを時間と共に設定することができる．可燃性ガスが不要，試料量が少なくてすむ，感度が高くppbオーダーの測定が可能などの特徴がある．図 **1.3.17** に電気加熱炉の構造を示す．

分光器部は分析に用いる光を取り出す働きをしており，入出射スリットおよび分光素子で構成される．基本的には分光光度計と同様である．検出部は光を検出する部分で，光信号を電気

表 **1.3.1** 標準バーナーと高温バーナーの比較

	標準バーナ	高温バーナ
使用ガス系	空気―アセチレン：2300℃ 空気―水素　　　：2000℃ アルゴン―水素　：1600℃	酸化二窒素―アセチレン： 2700℃
火口の大きさ	0.5 mm×100 mm	0.4 mm×50 mm
測定元素	Pb Cd Fe Cu Mn Cr Au K Ag Zn Na Ca Mg etc	Al B Ba Be Ge Si Ti V W etc

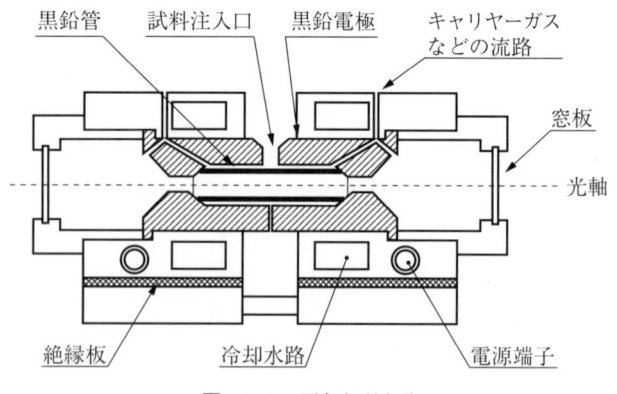

図 **1.3.17**　電気加熱炉[9]

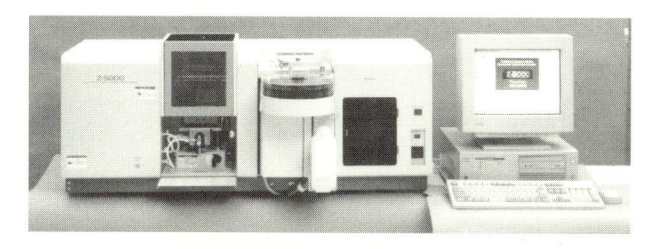

写真 1.3.5 原子吸光分光光度計

信号に変換する.基本的には分光光度計と同様である.
・バックグラウンド補正:試料中に目的元素以外の共存物が存在する場合,光源からの光を散乱したり,吸収をおこしたりすると測定誤差となる.これらを精度よく補正する必要がある.連続スペクトル光源方式,ゼーマン方式,自己反転方式などがある[9)10)].

装置の一例を写真 1.3.5 に示す.
パソコンによりホローカソードランプのランプ電流の設定,波長・スリットの制御,検出器の感度制御の他,フレーム法の場合はガス流量の制御,電気加熱法の場合は温度制御などの各種制御とデータ取込みや各種演算などのデータ処理を行う.

(3) 測定

電気加熱方式原子吸光分光光度計で環境水(地下水)の Pb (鉛)の測定例を示す.測定する場合,特定物質を試料に添加することにより,高感度化,精度向上などの効果を得ることができる[3)4)5)].この特定物質は化学修飾剤(あるいはマトリックス・モディファイア)と呼ばれる.オートサンプラが組み合わされ,試料の注入や化学修飾剤の添加が自動に行われる機能を有するシステムが使われる.

表 1.3.2 地下水中の Pb 測定条件

No. EN-Pb-1	Pb の測定	
試料：水道水，地下水		機種：Z-5000

水質基準：0.05 mg/l
環境基準：0.01 mg/l

測定条件
  波 　　長：283.3 nm　　　計算方法：検量線
  スリット幅：1.3 nm　　　　信号演算：ピーク面積
  ランプ電流：9.0 mA　　　　時 定 数：0.1 秒
  注入試料量：20 μl
  キュベット：パイロチューブ A

温度プログラム

ステージ	開始温度 (℃)	終了温度 (℃)	昇温時間 (秒)	継続時間 (秒)	ガス流量 (ml/min)	ガスの種類
乾　　燥	80	140	40		200	ノーマル
灰　　化	400	400	20		200	ノーマル
原 子 化	2500	2500		5	0	ノーマル
クリーン	2800	2800		4	200	ノーマル

マトリックスモディファイア：
     Pd 1000 mg/l＋Mg(NO₃)₂ 1000 mg/l 10 μl 添加

表 1.3.2 に地下水中の Pb 測定条件を，**図 1.3.18** に測定データ例を示す．

ここでは，マトリックス・モディファイアにパラディウムと硝酸マグネシウムを用い，標準添加法で測定した例を示している．

1-3-4　ICP 発光分析装置
(1) 測定の原理

発光源からの金属元素の光を取り出しこの光を分光分析することにより，定量・定性分析を行う．この発光源には ICP (Inductively

1-3 光分析とその応用

No. EN-Pb-5	Pb の測定	
試料：地下水		機種：Z-5000

```
元素      :Pb
試料ID    :UNK-007
試料名    :地下水

繰返しNo.  補正濃度(ug/l)    濃度(ug/l)   ABS      REF
          0.00    0.02    0.04   0.05    0.06

1         0.154            0.154    0.0044   0.0425
2         0.105            0.105    0.0040   0.0449
3         0.154            0.154    0.0044   0.0293
平均      0.138            0.138    0.0043   0.0389
SD        0.028            0.028    0.0002   0.0084
RSD (%)   20.29            20.29    4.65     21.59

元素      :Pb
試料ID    :UNK-008
試料名    :地下水 + 1 ug/l

繰返しNo.  補正濃度(ug/l)    濃度(ug/l)   ABS      REF
          0.00    0.02    0.04   0.05    0.06

1         1.246            1.246    0.0133   0.0291
2         1.111            1.111    0.0122   0.0305
3         1.184            1.184    0.0128   0.0460
平均      1.180            1.180    0.0128   0.0352
SD        0.068            0.068    0.0006   0.0094
RSD (%)   5.76             5.76     4.69     26.70
```

図 1.3.18　電気加熱方式原子吸光分光光度計による地下水の測定例

Coupled Plasma：誘導結合プラズマ）が用いられる．プラズマトーチに流したアルゴンガスに高周波電力を印加するとアルゴンガスが自ら高温のプラズマ状態になる．プラズマの中心付近は約 6000 K の高温になっており，ここに金属元素を含んだ試料溶液を霧状にして導入すると各金属元素は過熱され原子状態またはイオン状態になり発光する（図 1.3.19）．測定元素としてほとんど全ての元素を測定することができる[10]．分光器を波長順に走査することにより発光スペクトルが得られ，このスペクトルから，目的物質の定性ができ，

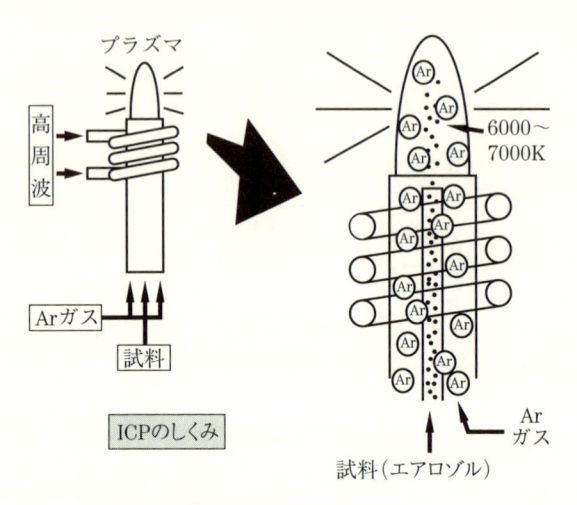

図 1.3.19 ICP のしくみ

一定波長における発光強度を測定することにより定量することができる[11]．最近は，半導体よりなるアレイ検出素子を用いることにより定性・定量を同時に行うこともできるようになった．

(2) 構成

ICP 発光分光装置は，主に光源（ICP）部，分光器部，検出部から構成される．光源部は高周波（27.12 MHz あるいは 40.68 MHz）電源，霧化器等から成る試料導入部，プラズマを維持するプラズマトーチ部から構成される．

分光器部は ICP からの光を取り出す働きをしており，入出射スリットおよび分光素子で構成される．金属元素の各スペクトルは非常にシャープであるため，高い分解能を必要とする．分光素子としては一般にグレーティング（回折格子）が用いられる．検出部は分光器部からの光を検出する部分で，光信号を電気信号に変換する．

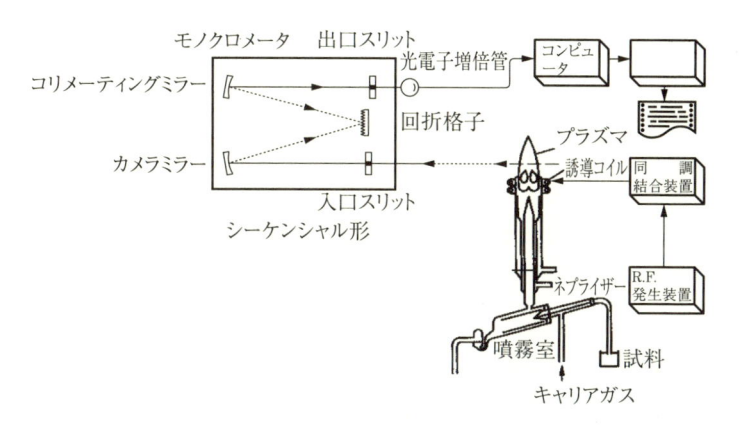

図 1.3.20 ICP 発光分析装置の構成

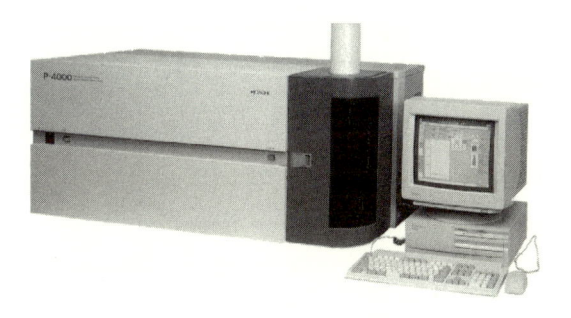

写真 1.3.6 ICP 発光分析装置

図 **1.3.20** に ICP 発光分析装置の主な構成を示す．装置の一例を写真 **1.3.6** に示す．

光源から検出部まで一体化され，パソコンにより ICP の点灯，出力制御，波長の走査，検出器の感度等の制御から得られたデータによる定性，定量演算処理までが行われる．

(3) 測定

表 **1.3.3** に水質分析の一斉分析例を示す．図 **1.3.21** は各元素のスペクトルを，図 **1.3.22** は検量線を表示した例である．測定した濃度は排水基準の 1/2，および排水基準値である．

表 **1.3.3** 測定データ濃度（単位：mg/L）

元素	As	Cd	Cr	Cu	Fe	Mn	Pb	Se	Zn
STD 1	0.000	0.000	0.00	0.00	0.00	0.00	0.000	0.000	0.00
STD 2	0.050	0.050	1.00	1.50	5.00	5.00	0.050	0.050	2.50
STD 3	0.100	0.100	2.00	3.00	10.00	1.00	0.100	0.100	5.00

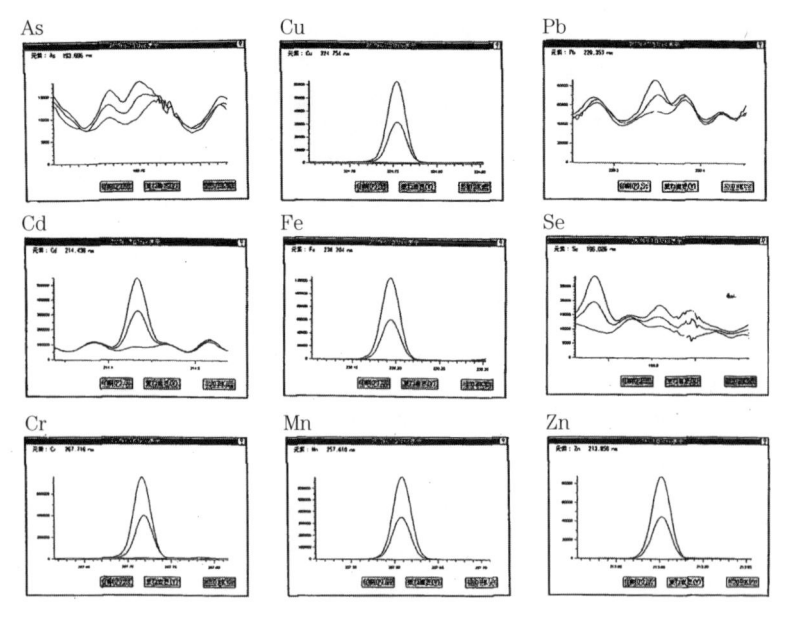

図 **1.3.21** 各元素のスペクトル

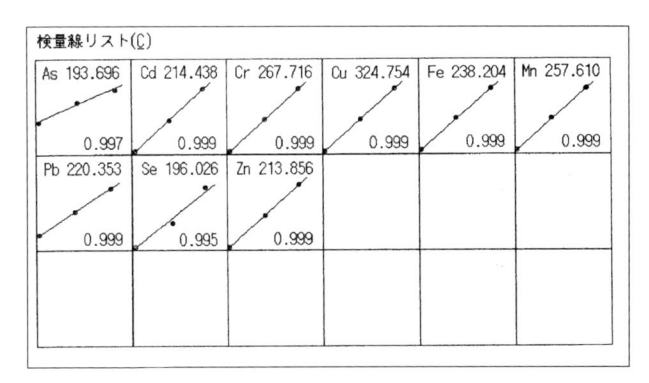

図 1.3.22 検量線の例

(㈱日立ハイテクノロジーズ　原田勝仁)

参考文献

1) JIS K 0115 吸光光度分析通則 (1992)
2) JIS K 0102 工業排水試験方法 (1998)
3) 上水試験方法, 日本水道協会, 1993
4) 環境水質分析マニュアル, 環境化学研究会, 1993
5) 新しい排水基準とその分析法, 環境化学研究会, 1994
6) JIS K 0120 蛍光光度分析方法通則 (1986)
7) 軽油識別剤標準分析方法作業マニュアル, ㈳全国石油協会, 1989
8) 保田和雄・長谷川敬彦共著:"原子吸光分析" (1972), (講談社)
9) JIS K 0121 原子吸光分析通則 (1993)
10) 保田和雄・広川吉之助共著:"高感度原子吸光・発光分析" (1976) (講談社)
11) JIS K 0116 発光分析通則 (1995)

1-4 分離分析とその応用

1-4-1 はじめに

分離分析，すなわち試料から対象成分を分離して定性，定量する分析手法は，分析化学ではなくてはならないものである．蒸留，沈殿，吸着を利用した分離，溶媒を利用した溶媒抽出による分離，各種の膜を利用した膜分離等があるが，ここでは混合した多成分を一度に分離しそれらの成分を定性，定量する分析手法として，最も広く普及しているクロマトグラフィーについて述べる．また，機器分析という観点から，特にガスクロマトグラフ，液体クロマトグラフを中心に紹介することにする．なお，クロマトグラフィーとは異なる電気泳動法についても簡単に触れた．

クロマトグラフィーは，一般には 20 世紀初頭，1906 年にロシアの植物学者である Michael Tswett が色素の分離に用いたのがはじめてであるとされている．この場合は吸着剤を用い液体で洗い流して分離する方法であった．その 30 数年後，1941 年に，Martin と Synge は個体の吸着剤の代わりに液体を用いる方法を試みた．1952 年，Tswett の研究から約半世紀後に James と Martin によりはじめてガスクロマトグラフィーが低沸点の脂肪酸，アミン類，ピリジン類の分離に利用された．この時の装置に利用されたキャリヤーガスは窒素で，検出器には自動滴定が用いられた．

このようにクロマトグラフィーは，歴史的には，液体クロマトグラフィーが先に研究されたが，実際の発展，装置の普及では逆となっているのは興味あるところである．1952 年にガスクロマトグラフィーが報告されると数年後には装置が製品化され，各種検出器，

カラムなどの研究開発と相俟って石油化学を中心に急速にガスクロマトグラフィーが発展した．液体クロマトグラフィーは，ガスクロマトグラフィーでは適用できない難揮発性物質や誘導体化を必要としていた物質，熱的に不安定な物質などが適用できることから，当初ガスクロマトグラフィーの応用範囲を拡大する形で医薬，食品分野を中心に発展してきている．

今日では，ガスクロマトグラフィーと液体クロマトグラフィーは，科学技術のあらゆる分野においてなくてはならない重要な分析手法の1つとなっており，どこの研究室・品質管理部門でも目にすることができる程広く普及している．

1-4-2 クロマトグラフィーの種類と特徴

クロマトグラフィーは，固定相と移動相の2つの相から構成され，この2つの相の相互作用を利用して複雑な混合物を分離する物理化学的分離手法であるといえる．移動相が気体か液体か，固定相が個体か液体かで，気-液クロマトグラフィー，気-個クロマトグラフィー，液-液クロマトグラフィー，液-個クロマトグラフィー等に分類される．

また，分離機構を基にした呼び方として，吸着クロマトグラフィー，分配クロマトグラフィー，イオン交換クロマトグラフィー，サイズ排除クロマトグラフィーなども使用される．

クロマトグラフィーには上述したように移動相の違い，固定相の形状等の違いにより，ガスクロマトグラフィー，液体クロマトグラフィー，カラムクロマトグラフィー，薄層クロマトグラフィー，ペーパークロマトグラフィーなどの種類がある．これらの手法の概要について以下に簡単に述べる．

(1) ガスクロマトグラフィー

 ガスクロマトグラフィーは移動相に気体を用いるクロマトグラフィーで,カラムに充てんされた固定相あるいはキャピラリーの内壁に塗付された固定相液体と不活性ガスである移動相間の試料成分の吸着,又は分配平衡の違いによって混合成分を分離する手法である.1952年に報告されて以来,国内では1957年に製品化され石油化学を中心に急速に発展し,他の分析機器と比較して操作性,分離能,感度の点に優れていたため,飛躍的に普及した.最近では高分離能を持つキャピラリーガスクロマトグラフィーが中心となっている.一般に高速液体クロマトグラフィーに比べ分離能に優れ,検出器の種類も豊富で感度も高い.一般的に分子量500程度以下の有機化合物に幅広く適用できるので,液体クロマトグラフィーと共に最も普及している手法の1つである.詳細については1-4-5項で述べる.

(2) 液体クロマトグラフィー

 液体クロマトグラフィーは移動相として液体を用いるクロマトグラフィーで,カラムの固定相と移動相との間で生じる試料成分の相互作用を利用して分離する手法である.移動相を高圧で送液し,短時間で高性能の分離を得るようにしたものを高速液体クロマトグラフィーという.高速液体クロマトグラフィーでは使用する固定相と移動相との組み合せによって分配クロマトグラフィー,吸着クロマトグラフィー,サイズ排除クロマトグラフィー,イオン交換クロマトクロマトグラフィー(イオンクロマトグラフィー)等がある.ガスクロマトグラフィーでは適用が困難であったり熱的に分解するような化合物に対しても有効である.詳細については1-4-6項で述べる.

（3）カラムクロマトグラフィー

 広義の意味では固定相を充てんした管（カラム）に移動相を流し，目的成分を分離する方法をカラムクロマトグラフィーと称し，移動相が気体の場合がガスクロマトグラフィー，液体の場合が液体クロマトグラフィーということになる．狭義の意味では液体クロマトグラフィーに属し，直立したガラス管にシリカゲルやアルミナ粒子，イオン交換樹脂等を詰め移動相となる液体を主に重力，自然落下によって流すものである．試料中の各成分は移動相に溶けた状態で充てんカラムを通過し分離される．主に試料の精製に利用されている．

（4）薄層クロマトグラフィー

 一般にはガラス板上に微粒子状の吸着剤を均一な厚さに塗付したプレートを固定相として用い，移動相である各種の溶媒の毛細管現象による浸透を利用して試料中の各成分を展開分離する方法である．吸着剤としてはシリカゲル，アルミナ，セルロース等が用いられる．試料はプレート上にマイクロシリンジや定容量のキャピラリー等を用いて滴下し，乾燥させた後，展開槽内で一端から移動相である溶媒を浸透させて展開する（図 1.4.1）．

（5）ペーパークロマトグラフィー

 移動相，固定相とも液体を用いる液液分配クロマトグラフィーにおいて固定相の担体としてろ紙を用いたものである．あらかじめこのろ紙に固定相液体を含浸させておき，この固定相液体とは自由に溶け合わない液体を移動相として試料成分を展開分離する手法である（図 1.4.2）．

（6）向流分配クロマトグラフィー

 移動相と固定相がともに液体であり，お互いに溶解度が非常に小さく，且つ比重に差があることを利用して移動相中の試料成分を分

離する手法である．比重の軽い移動相を比重の重い固定相を満たした管の下部から導入し，移動相を液滴として移動させ分離する向流法やその変形である多段向流法がある．この他にあらかじめ固定相を満したコイル管を回転させる回転コイル法等もある（図 **1.4.3**）．

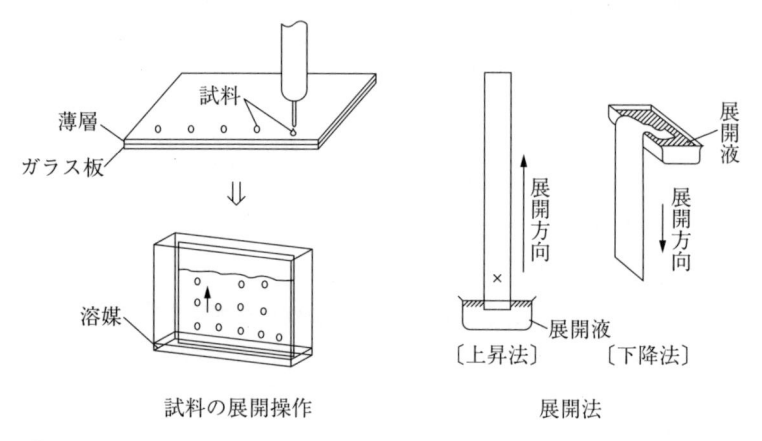

図 1.4.1 薄層クロマトグラフィー

図 1.4.2 ペーパークロマトグラフィー

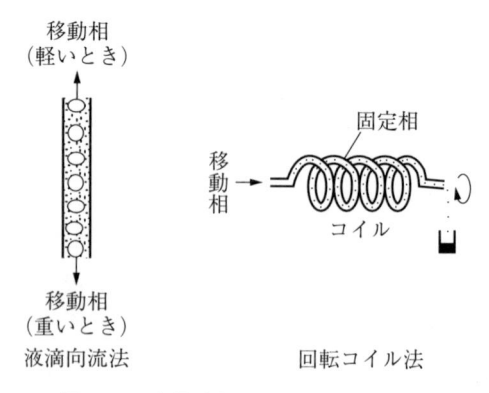

図 1.4.3 向流分配クロマトグラフィー

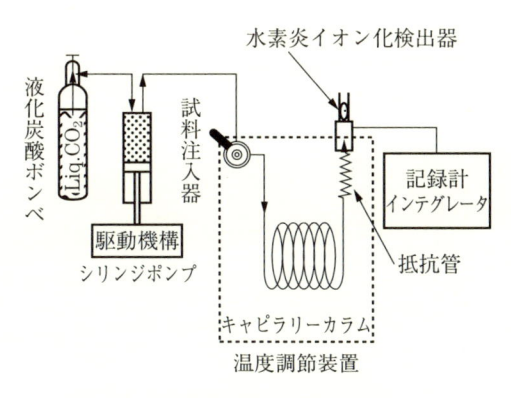

(7) 超臨界流体クロマトグラフィー

　移動相として超臨界流体を用いるものである．超臨界流体は高圧，高密度の流体で気体と液体の中間の物性をもつ．拡散係数は液体と気体の中間程度，粘度は気体とほぼ同じで，密度は液体に近い．主として二酸化炭素が流体として用いられる．超臨界状態を保つ為，装置はガスクロマトグラフと液体クロマトグラフを合わせた構成で，加圧ポンプ，カラム温度，圧力制御装置が必要となる．国内では一時，ガスクロマトグラフィーでは適用が難しい難揮発性化合物や熱的に不安定な試料への適用が期待されたが，現在ではそれ程普及していない（図 1.4.4）．

　以上，クロマトグラフィーには各種あるが，一般的な機器分析という観点からは，カラムクロマトグラフィー，ペーパークロマトグラフィー，薄層クロマトグラフィー等は対象から外れる．向流分配クロマトグラフィーも一部装置化はされているが，一般的とはいえない．超臨界流体クロマトグラフィーは装置化（構成はガスクロマトグラフと高速液体クロマトグラフを組み合せた形）されているが，

図 1.4.4　超臨界流体クロマトグラフィー

普及度の点からはガスクロマトグラフィーと液体クロマトグラフィーと大きく差がある．このため，ここでは最も広く一般的に利用されている分離分析の代表的手法であるガスクロマトグラフィーと液体クロマトグラフィーについてもう少し詳しく説明することにする．

1-4-3 クロマトグラフィーによる分離の原理

クロマトグラフィーでは，どのようにして混合成分が分離するのであろうか？

ここでは，カラムを使用する場合のクロマトグラフィーにおける分離の原理に関して述べる．なお，カラムを使用するクロマトグラフィー用装置をクロマトグラフという．試料に対応して検出器から得られる信号をクロマトグラムと呼び，クロマトグラム上の各成分に対応する山状の信号をピークと呼ぶ．

クロマトグラフの主要構成部は図 1.4.5 に示したように移動相導入部，試料導入部，分離部（カラム），検出部およびデータ処理部からなっている．

クロマトグラフに導入された試料は一定流量で供給されている移動相によってカラムの入口から出口へと運ばれる．カラムへ到達した試料成分はカラムの中で，いろいろな機構によって移動相と固定

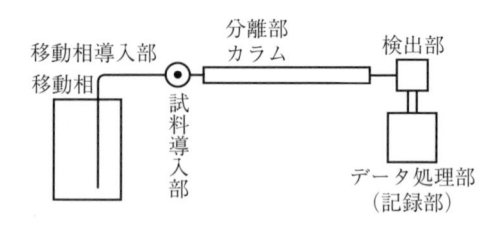

図 1.4.5 クロマトグラフの主要構成部

相に分配される．この分配される程度，すなわち，移動相中にある部分の濃度（Cm）と固定相中にある部分の濃度（Cs）の比（分配係数）が化合物によって異なるので，混合成分の場合，カラムを通過する過程で成分毎に分配平衡に達する時間に差ができる．結果として混合成分が分離することになる．

もう少し言い換えれば，固定相と移動相の種類，温度，圧力が決まると，移動相中にある部分の濃度（Cm）と固定相中にある部分の濃度（Cs）との間には

$$K = Cs/Cm = 一定 \quad (1)$$

の関係がある．K は分配係数である．

一方，試料成分は移動相中にあるときだけ移動相により前方へ移動する．固定相の中にある時は前方には移動しない．移動相は連続的に流れているので，これらの動作を連続的に繰り返しながら時間と共にカラムを移動することになる．試料成分はカラム中を進行し

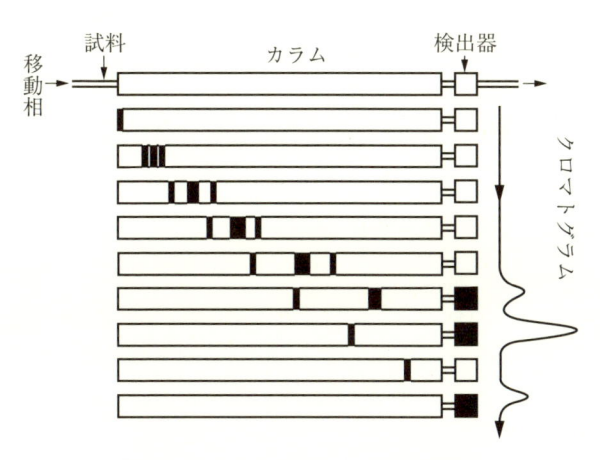

図 1.4.6 クロマトグラフィーの原理図

ながら，（1）式の平衡を保つうえで，前方では移動相から固定相へ，後方では固定相から移動相への移動が顕著である状態で移動することになる．また，混合成分の場合は，成分毎にそれぞれ異なる分配係数を持っているため，K値の小さいものほど，カラム中を速く進行する．そのため各成分の移動速度に差ができ分離が起こることになる（図 1.4.6）．

1-4-4 クロマトグラフィーによる定性，定量分析
（1）定性（同定）分析

分離した成分が何であるか？　即ち定性分析はクロマトグラフィーではどのようにして行うのであろうか？

クロマトグラフィーの場合は基本的には得られた検出器の信号（クロマトグラム）から，試料導入からピークの頂上までの時間（保持時間：リテンションタイム）を利用することになる．すなわち，試料成分ピークの保持時間と標準試料との保持時間の比較により，保持時間が一致すればそのピークがなんであるか，すなわち定性（同定）ができることになる．クロマトグラフィーの場合は，通常，定性の代わりに同定なる用語が使用される．実際には同一の保持時間を与える成分は1つだけではなく，同じ保持時間を与える成分は他にもあるので標準試料と保持時間が一致したからといってその成分だと断定できない．ここがクロマトグラフィーでの定性能力の弱いところである．このためガスクロマトグラフィーでは2種類以上の特性の異なるカラムを用いて保持時間を測定し，その一致を確認し同定する方法がとられる．また，同定のための指標として，分離に寄与しない空間を補正した空間保持時間，絶対値でなく分析条件の影響が小さくなる相対保持時間（相対保持比），保持指標

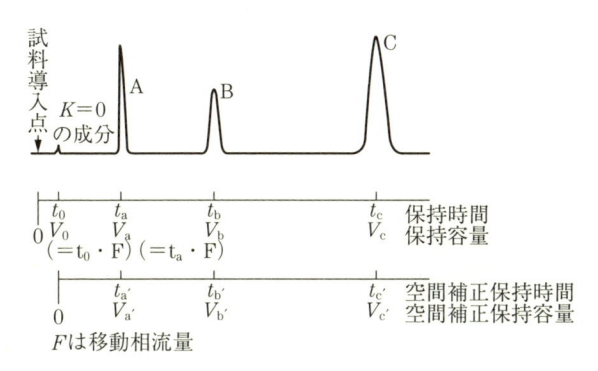

図中ラベル: 試料導入点, $K=0$ の成分, A, B, C, t_0 V_0 ($=t_0 \cdot F$), t_a V_a ($=t_a \cdot F$), t_b V_b, t_c V_c 保持時間 保持容量, t_a' V_a', t_b' V_b', t_c' V_c' 空間補正保持時間 空間補正保持容量, Fは移動相流量

図1.4.7 保持時間・保持容量[1]

(リテンションインデックス)等が利用される.保持時間の他に保持容量(保持時間×移動相流量)を用いる場合もある(**図1.4.7**).

同定を確実にするために,例えばP, Nを含む化合物に選択的に感度がある熱イオン化検出器(FTD)や,ハロゲン化化合物に選択的に応答する電子捕獲型検出器(ECD)等の選択的検出器を利用する場合もある.また,試料の誘導体化の利用,吸着剤による特定成分の除去などの試料前処理の利用等による定性分析の確実化もある.

いずれにしてもクロマトグラフ単独では定性能力に限界があるので,最近では定性能力が高い質量分析装置(MS),フーリエ変換赤外分光光度計(FT-IR)と組み合わせたガスクロマトグラフ質量分析装置 GC/MS,ガスクロマトグラフ赤外分光光度計(GC/FT-IR)や液体クロマトグラフ質量分析装置 LC/MS,が利用されるようになっている.

(2) 定量分析

それでは試料中に対象成分がどれだけ含まれているか? 即ち定量分析はガスクロマトグラフ(GC)や液体クロマトグラフ(LC)を用いた場合どのようにしているのであろうか?

基本的には,定量にはピーク面積を用いる.(ピーク高さが使用される場合もある.)即ち,含有成分の定量はピーク面積と成分量の関係を利用して行う.通常,成分量とピーク面積が直線関係となる条件下で分析することが求められるが,直線関係が成立つ範囲では,この直線の傾き,即ち,感度=ピーク面積/成分量,この逆数である補正係数=成分量/ピーク面積なる関係を用いてピーク面積から成分量に換算することができる.感度および補正係数は,基準物質を決めてその物質に対する相対値で表すことが多い.その際に成分量をモルで表せば相対モル感度,あるいはモル補正係数,重量で表せば相対重量感度あるいは重量補正係数ということになる.

ピーク面積の測定は,以前は記録紙上のピークを用い,三角法,半値幅法(図 1.4.8)等によりピーク幅,高さ等をスケールなどで実測して計算で求める方法が取られていたが,最近ではディジタルインテグレータ,データ処理装置等により電気的に且つ,自動的にピーク面積に相当する値(μV・sec 等)が計算され,あらかじめインプットされた定量計算方式に従って成分量に換算された定量値が自動的に得られるのが一般的である.なお,一般的には GC, LC では ng~pg(10^{-9}~10^{-12}g)レベルの微量まで測定可能である.

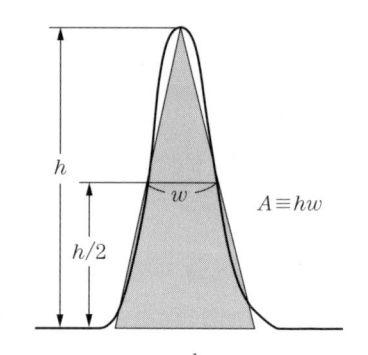

A:面積,w:高さ$\frac{h}{2}$のところのピーク幅

図 1.4.8 半値幅法による面積測定[1]

以下にクロマトグラフィーで利用される代表的な定量計算法の概要について示す.

〈●定量計算法〉

1）面積百分率法：

得られたクロマトグラムから各成分ピークの面積を測定し，その面積の総和を100とし，それに対する各成分ピークの面積の比率から含有率を求める．この方法は導入した試料の全成分が溶出することと，使用した検出器における成分の相対感度が等しいとみなされることを前提としている．

$$C_i = \frac{A_i}{\sum_{i=1}^{n} A_i} \times 100$$

C_i：i 成分の含有率（％）　　A_i：i 成分の面積
n：全ピーク数

2）修正面積百分率法：

化合物による検出器の応答の違いを補正したピーク面積を使用して，上記面積百分率法により計算する方法．この方法も導入した試料成分が全て溶出することを前提としている．

$$C_i = \frac{\dfrac{A_i}{f_i}}{\sum_{i=1}^{n} \dfrac{A_i}{f_i}} \times 100$$

C_i：i 成分の含有率（％）　　A_i：i 成分の面積
f_i：i 成分の相対感度　　　　n：全ピーク数

面積百分率法，修正面積百分率法はいずれも導入した試料成分がすべてカラムから溶出することを前提としている．実際には多成分の場合は各成分の分離は難しく，また試料によっては難揮発成分が試料気化室やカラムに残る場合が多い．このためこの定量法はガス

成分のように, 難揮発成分の含まれない, 比較的成分数も少なく分離も簡単な試料に多く適用される.

3) 絶対検量線法:

この方法はあらかじめ被検成分の既知濃度の標準物質を数点用意し, 試料と同一条件で測定する. 得られた標準物質のピーク面積と濃度を各々縦軸, 横軸にプロットし検量線を作成する. 試料を同一条件で測定し得られた成分のピーク面積を計算し, 作成した検量線から被検成分の濃度を求める. この方法は検量線作成時と試料測定時とで試料注入量が異なれば当然定量値の精度は悪くなるので, 全測定操作を厳密に一定条件にして行う必要がある.

4) 内部標準法

絶対検量線法では試料測定に際し, 厳密に検量線作成時と測定条件を一定にする必要があるので, 注入量の違い, 測定条件の微妙な違いが定量値に影響する. また, 面積百分率法, 修正面積百分率法の適用に必用な, 導入した試料のすべての成分が溶出し, 且つ, ある程度分離するという前提に合わない試料が実際には多い. 内部標準法ではこれらの試料に対し有効な方法である. この方法は試料中の各成分とピークが重ならないような標準物質を選ぶ, これを内部標準物質という. この内部標準物質の一定既知量に対し, 被検成分の純物質の既知量を段階的に加えた複数の標準試料を用意する.

これらを分析し, 得られたクロマトグラムからピーク面積を計算し縦軸に各々の面積比 (被検成分ピーク面積／内部標準物質ピーク面積), 横軸に量比 (被検成分量／内部標準物質量) をプロットし検量線を作成する. つぎに測定すべき試料の既知量に対して内部標準物質の既知量を検量線の範囲に入るように加えて, 検量線作成時と同条件で測定する. 得られたクロマトグラムより被検成分と内部

標準物質のピーク面積比を求め,検量線から被検成分量／内部標準物質量がわかる.試料中の被検成分の含有率 C は以下の式より求められる.

$$C = \frac{x \times q}{p} \times 100$$

  C：被検成分の含有率（%）
  x：検量線から求めた被検成分量と内部標準物質との比
  p：試料の既知量
  q：内部標準物質の既知量

この方法は,試料前処理操作の影響,試料注入量,分析条件の変動の影響を受けにくいのでクロマトグラフィーでは広く利用されている.

5) 標準添加法

この方法は試料のマトリックスの影響が無視できない場合に適用される.試料に既知量の被検成分を段階的に添加した（添加してない試料を含む）複数の標準試料を用意し,得られたクロマトグラムより横軸に被検成分の添加量,縦軸にピーク面積をとってを作成する.この検量線より外挿し横軸との切片を求め,試料量をWとして以下の式により含有率を求める.

$$C = \frac{\Delta \omega}{W} \times 100$$

  C：被検成分の含有率（%）
  $\Delta \omega$：検量線から求めた横軸との切片の絶対値
  W：原試料量

以上の定量方法があるが,分析目的,対象試料,必要とする分析精度等により選択される.

1-4-5 ガスクロマトグラフィー

それでは，ガスクロマトグラフィーについて装置構成，カラム，検出器等についてもう少し詳しく見てみよう．

（1）ガスクロマトグラフの概要と基本構成

ガスクロマトグラフの基本構成は図1.4.9に示したように，キャリヤーガス流量制御部，試料導入部，分離部（カラム，カラム槽），検出部（検出器，検出器槽），データ処理部からなっている．

移動相である窒素，ヘリウムといった不活性ガス（キャリヤーガス）をボンベ，調圧器，流量調整器を介して連続的に30~40 ml/min程度流し（充てんカラムの場合），液体試料の場合は加熱された試料導入部に$10 \mu l$程度のマイクロシリンジを用いてシリコンゴム栓を介して試料溶液数μlを注入する．注入された試料溶液は瞬時に気化し，キャリヤーガスにより恒温槽で一定温度に調整されたカラムへ運ばれる．カラムに運ばれた成分は，カラム内を通過する過程で各成分毎に移動速度に違いが起こり，結果としてカラムの入口では一緒であった試料成分が，カラム出口では別々に分離して検出器で検出されることになる．検出器での信号はデータ処理装置に送られ，クロマトグラムとして記録され，定性に必用な成分ピーク位置（保持時間），定量に必用なピーク面積等が計算され，あらかじめ組み込まれた計算式等により定性（同定），定量がなされる．

（2）キャリヤーガス流量制御部

キャリヤーガスの流量制御方式としては，カラム入口圧を一定に保つ圧力制御方式とカラム流量を一定に保つ流量制御方式とがあり，それぞれ圧力制御器，質量流量制御器が使用されている．昇温分析ではカラム流量が温度の上昇とともに減少するので，一定流量を保つため質量流量制御器が広く利用される．

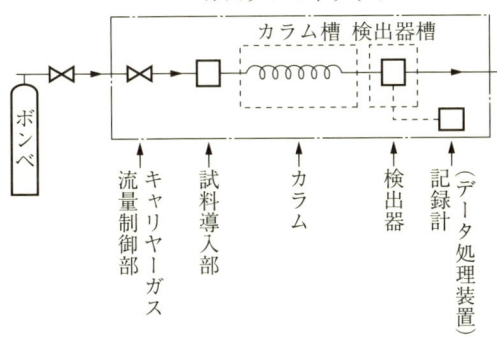

1-4 分離分析とその応用

ガスクロマトグラフ

(a) ガスクロマトグラフの基本構成

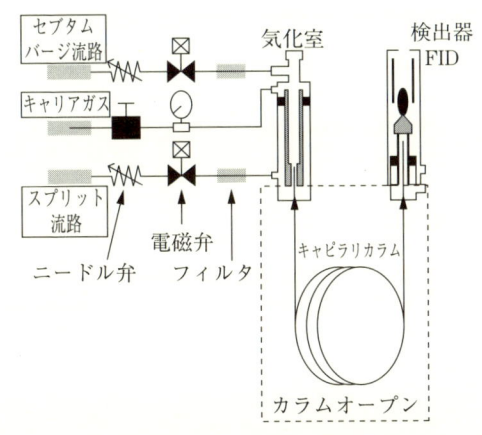

(b) ガスクロマトグラフの構成例

図1.4.9 ガスクロマトグラフの構成[6]

これらの流量制御器は，一般的にはスプリング，ダイアフラムなどを使用した機械式であるが，最近では，キャピラリーカラムの普及にともない，より再現性の良い高精度な流量制御と操作性が要求

されるのに対応して,流量センサー,圧力センサーを利用した電子式のものが使用されている.この電子式流量制御により,キャピラリーカラム流量,圧力,およびスプリット比等のディジタル設定,制御が可能となっている.また,カラム流量を時間と共に制御する圧力プログラムによる分析や,試料注入量を増すための加圧注入操作等にも利用されている.

(3) 試料導入部

試料導入は試料形態によって異なる.気体試料の場合は気体用に作られたガスタイトシリンジで $1-2\,m\ell$ 程度採取して注入口より導入するか,附属装置の専用のガスサンプラーを用いる.精度を要求される場合はガスサンプラーが使用される(図 1.4.10).

液体試料の場合はマイクロシリンジで $0.5-2\,\mu\ell$ 程度を注入口より導入する.個体試料の場合は適当な溶媒に溶かすか,附属装置である熱分解装置を用い 500-600℃ 程度で熱分解をし,分解生成物を測定する方法もある.

通常,液体試料の場合は以下のサンプリング操作が必要となる.すなわち,マイクロシリンジを適当な溶媒もしくは試料で適当回数

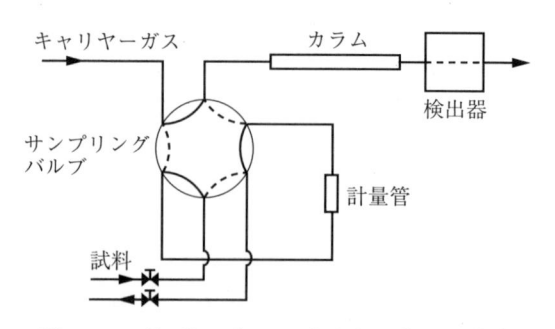

図 1.4.10 ガスサンプラーによるサンプリング流路

洗浄した後,気泡が入らないように何回かポンピング操作をする.その後一定量の試料溶液を採取して注入口に導入する.最近では個人誤差をなくし精度を上げるためにも,この一連の操作を自動化した自動試料導入装置(オートサンプラー)が広く使用されている.ガスサンプラーも当然自動化されたものが利用されている.

充てんカラムとキャピラリーカラムとではカラム負荷量(正常なクロマトグラムを得ることができるカラムへの最大導入量)が異なるため,試料導入法もキャピラリーカラムに適した手法がある.キャピラリーカラムの場合はカラム負荷量が小さいので気化した試料を分割して試料の一部を導入するスプリット注入法が広く利用される.この他に対象試料,分析目的に応じスプリットレス注入法,全量注入法,コールドオンカラム注入法,PTV法等の試料注入法が用いられる.以下にキャピラリーカラム用の各種試料注入法について簡単にその概要を示す(詳細については参考資料3)を参照).

〈キャピラリーカラム用試料注入法〉

1)スプリット(分割)注入法

カラム負荷量の関係からガスクロマトグラフへ注入した試料の一部をキャピラリーカラムへ導入し,残りを系外に排出するもので(通常スプリット比は1/20～1/200程度),キャピラリーガスクロマトグラフにおいて最も広く使用されている方式である.

2)スプリットレス(非分割)注入法

試料気化室に導入した試料の大半をキャピラリーカラムに導入する方式で微量成分の分析に多用される.シャープな成分ピークを得るために溶媒効果や昇温分析操作を必要とする.

3)全量注入法(ダイレクト注入法)

一般的には内径 0.53 mm 以上の大口径キャピラリーカラムを用

い,従来の充てんカラムと同様に加熱した気化室に試料を注入し,瞬間気化させた後,カラムへ全量導入する方法である.

4) コールドオンカラム注入法

通常,試料溶媒の沸点以下に保ったキャピラリーカラムに直接試料を注入し,注入後カラムを昇温して分析する方法である.気化室での瞬間気化が生じないので熱分解,熱異性化しやすい農薬などの化合物の分析に適している.

5) PTV (Programmed Temperature Vaporization) 法 (プログラム昇温気化法)

コールドオンカラム注入法と同様,試料気化部を試料溶媒の沸点以下にし,気化室での瞬間気化を防ぎ,試料注入後,気化室全体を急速に昇温して分析する方法.インサート方式なのでコールドオンカラム注入法によるカラムの汚れは少ない.大量注入による分析にも利用される.

(4) 分離部,カラム恒温槽

〈カラム〉

ガスクロマトグラフィー用カラムには,充てんカラムとキャピラリーカラムとがある (図 1.4.11).

1) 充てんカラム

充てんカラムは,通常,長さ 0.5-5 m,内径 2-4 mm のガラスあるいはステンレススチール製管,またはガラス等の管に 60-80 mesh (250-177 μm),80-100 mesh (177-149 μm) 程度の粒度の充てん剤を詰めたものが利用される.充てん剤は,珪藻土担体に固定相液体を塗布した分配形充てん剤と,シリカゲル,活性炭,活性アルミナ,合成ゼオライトなどの吸着形充てん剤,および多孔性高分子形 (ポーラスポリマー) が用いられる.

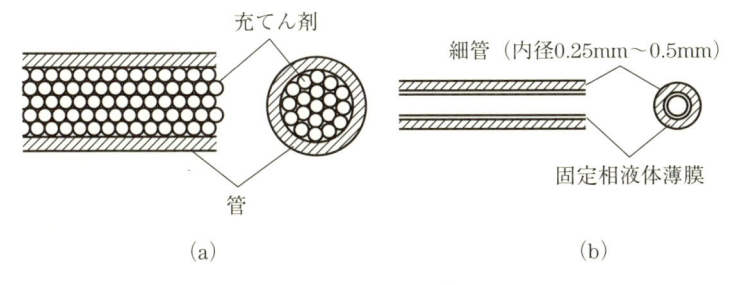

図 1.4.11 充てんカラム(a)とキャピラリーカラム(b)[1]

固定相液体は，一般的にはメチルシリコーン，フェニルシリコーン等のシリコンポリマー系や，ポリエチレングリコール等のポリエチレン系のものが広く利用されている．一般的には 0.5-20% の範囲で担体に保持して利用される．

2）キャピラリーカラム

キャピラリーカラムは，通常，長さ 10-60 m，内径 0.1-0.5 mm 程度の中空の金属製管，ガラス管，溶融シリカ管の内壁に固定相を保持したものである．最近では材質として高純度シリカを用いた溶融シリカ（フューズドシリカ）が，内面が不活性，柔軟性がある等の特徴から広く利用されている．このキャピラリーカラムは，充てんカラムと比較して通気性が高く，長いカラムの使用が可能で高分離が得られるため，最近では広い分野で充てんカラムに置き換わっている．キャピラリーカラム用の固定相液体としては，一種類の液相で広範囲の成分の分離がカバーできるので，充てんカラムと比較して 10 数種類と少ない．メチルシリコーン，ポリエチレングリコール等が固定相液体として用いられるが，最近のカラムは液相が化学結合されたタイプのものが多い．カラム内壁にコーティングされる液相の膜厚は通常，1-3 μm 程度のものが利用されている．また，

活性アルミナ，モレキュラシーブ等を内壁に固定したキャピラリーカラムもある．

〈カラム槽〉

試料気化室，カラム恒温槽，検出器槽は通常加熱し一定温度に保つ必要があるが，特にカラム恒温槽は再現性の良い保持時間，再現性の良い分離を得るために重要である．一般的に応答性がよい空気浴(熱風循環)式が利用されている．温度範囲は室温付近から400℃程度までで，液化炭酸ガス，液体窒素などの冷媒を用いことにより0℃以下からの制御も可能である．

(1) 恒温分析・昇温分析

ガスクロマトグラフィーにはカラム温度を一定にする恒温分析とカラム温度を時間と共に一定温度勾配で昇温する昇温分析とがある．例えばガソリンや灯油のように低沸点成分から高沸点成分を含む試料の場合，低沸点成分の分離に適したカラム温度に設定すると，高沸点成分は非常に遅れ実際上分析不能となる(図 1.4.12(a))．カラム温度を上げ高沸点成分の分離に適した温度設定にすると，低沸点成分は速く溶出するが，近接する成分と分離せず溶出してしまう(図 1.4.12(b))．このような問題を解決する方法として，各成分の分離に適した条件を与えるように，カラム温度を一定速度で上昇させる昇温分析法がある．昇温分析法は低沸点成分から高沸点成分までシャープなピークが得られる，恒温分析と比較して分析時間を短縮できるなどの特徴がある(図 1.4.12(c))．(a)，(b)は各々70℃，180℃と一定温度で分析したクロマトグラム，(c)は 70℃→200℃ の昇温分析結果である．(c)では C_8〜C_{16} までのパラフィン数が等間隔に分離して溶出しているのが解る．図 1.4.12 に灯油による恒温分析と昇温分析との比較を示した．

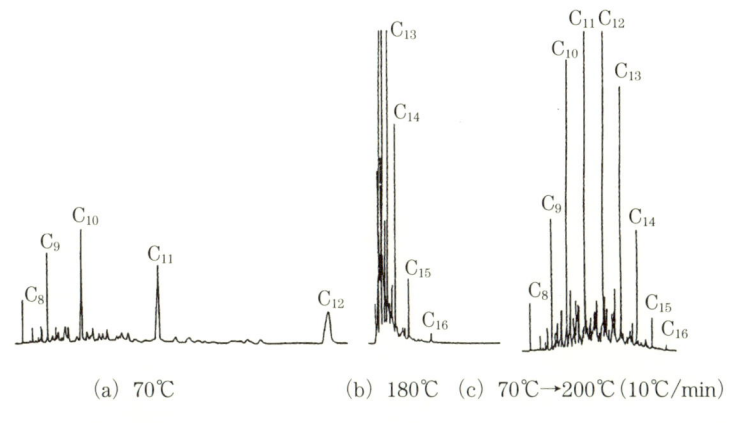

(a) 70℃　　　　(b) 180℃　(c) 70℃→200℃(10℃/min)

図 1.4.12　昇温分析の結果

(6) 検出器

ガスクロマトグラフ検出器としては，ガスクロマトグラフィーの初期の段階から使用されている熱伝導検出器（TCD）をはじめ，水素炎イオン化検出器（FID），電子捕獲検出器（ECD），炎光光度検出器（FPD），熱イオン化検出器（FTD）等，種々のものが分析目的，対象成分等に応じて利用されている．

1）熱伝導検出器（Thermal conductivity detector：TCD）

TCDはキャリヤーガスと試料成分の熱伝導度が異なるすべての成分に応答があり，汎用型の検出器として昔から広く使用されている．特に無機ガスに対しては，TCD以外の一般的検出器では測定が困難なので，無機ガスを含む試料の分析に多用されている．通常，ブリッジ回路を構成している金属ブロックに組み込まれたフィラメントに電流を流し加熱しておく．カラムから溶出した試料成分が検出器に入ると，フィラメントからの熱の発散状態が異なるためフィラメント温度が変化する，即ち，抵抗が変化する．この抵抗変化に

よる発生する不平衡電圧を測定する．フィラメントの材質には以前はタングステンが用いられていたが，最近はタングステン／レニウムの合金が広く使用されている．数 ppm レベルのガス濃度が測定可能である（図 **1.4.13**）．

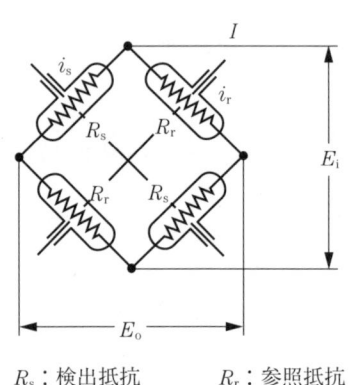

R_s：検出抵抗　　R_r：参照抵抗
i_s, i_r：フィラメント電流　I：ブリッジ電流
E_i：ブリッジの電源電圧
E_o：出力信号電圧

(a) ブリッジ回路　　　　　　　(b) 半拡散型

図 **1.4.13**　熱伝導度検出器（TCD）の構造

2）水素炎イオン化検出器（Flame ionizationdetector : FID）

FID は有機化合物に対して高感度な汎用型の検出器で，操作性，安定性の面から最も広く使用されている．水素ガスと空気により形成された酸素過剰の酸化炎中に，カラムから溶出した試料成分が入ると，その一部が炎中でイオン化される．炎の間に電極を設け 200～300 V の直流電圧をかけ，発生するイオン化電流を増幅して測定する．イオン化の機構については諸説があるが，次式で示されるような化学イオン化反応によるといわれている．

CH ラジカルに対しては

CH+O⟶CHO$^+$+e

CN では

CN+O+O⟶CO+NO$^+$+e

このように，FID の感度は，成分中の炭素原子数におよそ比例する．しかしながら，炭素原子に酸素やハロゲンが結合した場合，イオン化効率が落ちる．C=O の C は応答無し，C–O の C は，C–H の約半分の応答しか示さないと言われている．直線性は $10^{6\text{-}7}$ と非常に広い．また，ng（10^{-9}g）レベルの測定が可能である（図 **1.4.14**）．

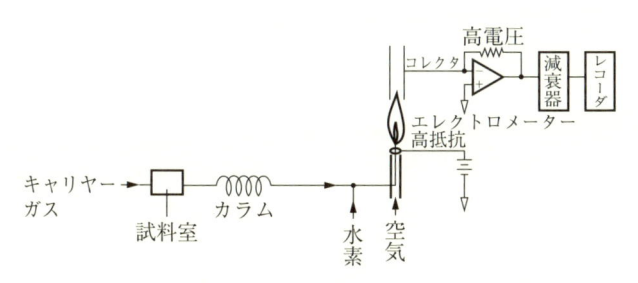

図 1.4.14 水素炎イオン化検出器（FID）の原理図

3）電子捕獲検出器（Electron capture detector：ECD）

ECD はハロゲン化元素や，ニトロ基などを含む親電子性有機化合物に対して選択的で，かつ高感度であり，塩素系残留農薬，PCB 等の微量分析分野では欠くことのできない検出器となっている．キャリヤーガスの流入・流出口をもつ金属性密封容器に ^{63}Ni，^{3}H といった放射性同位元素を封じ込めておき，その中にキャリヤーガスを流すと放射性同位元素からの β 線によりキャリヤーガスがイオン化される．このため，線源とコレクター電極間に印加電圧をかけるこ

とによりイオン化電流が流れる.ここへ,親電子性化合物が混入すると分子は電子を捕獲して負のイオンとなる結果,コレクターを流れるイオン化電流の減少が生じる.ECDはこのイオン化電流の減少分を測定していることになる.線源は最近では高温まで使用可能な^{63}Niが用いられている.この検出器の感度は高く,pg(10^{-12}g)レベルの測定が可能である(図 **1.4.15**).

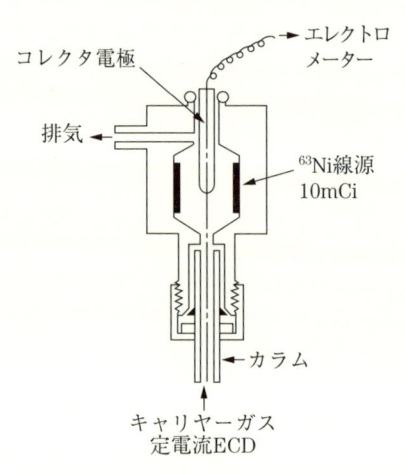

図 1.4.15 電子捕捉型検出器(ECD)

4)炎光光度検出器(Flame photometoric detector:FPD)

FPDはリン(P)または硫黄(S)を含む有機化合物に対して選択的,かつ高感度な検出器であり,食品中の残留農薬や硫化水素,メチルメルカプタン等の大気中の臭気分析等に広く使用されている.水素と空気(酸素)により,水素が過剰の還元炎を形成しておく.キャリヤーガスとともに含リン有機化合物または含硫黄化合物が炎に入り燃焼する際,水素炎の作用によりそれぞれ特異な光を発する.この特異な光を選択的に通す光学フィルターを設け,フィルターを

通過した光を光電子倍増管で電流に換え測定する．この発光機構は水素過剰な還元炎によって試料成分が還元され，硫黄化合物は S_2 ラジカルが，リン化合物は HPO ラジカルが生じ，それぞれから 394 nm，526 nm なる波長の特徴ある光が発せられるとされている．この場合，リン化合物に対しては濃度に比例した応答が得られるが，硫黄化合物に対しては濃度のほぼ 2 乗に比例した応答となる．なお，環境汚染の面から問題となっている有機スズ化合物に対しても 610 nm の光学フィルターを用い FPD で分析されている（図 **1.4.16**）．

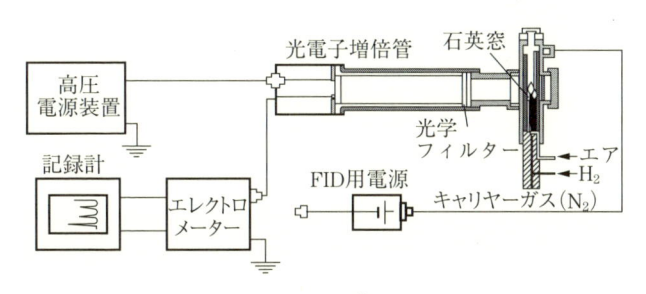

図 1.4.16 炎光光度検出器（FPD）

5）熱イオン化検出器（Flame thermionic detector : FTD）

FTD は含窒素有機化合物および含リン有機化合物に対し選択的，かつ高感度な検出器であり，アルカリ熱イオン化検出器，アルカリ水素炎イオン化検出器，窒素（N）—リン（P）検出器ともよばれている．この検出器は，アルカリ金属（Na, K, Cs, Rb）塩を水素炎中あるいは白金線を介して加熱し，金属塩蒸気を発生させ，窒素および化合物に対し選択的に増加するイオン化電流を測定するものである．アルカリ金属塩は加熱により蒸発し，陽イオンを生成する．そこにカラムからの溶出成分として含窒素，および含リン有機化合物が存在すると，アルカリ金属原子からの電子を受け取って負イオン

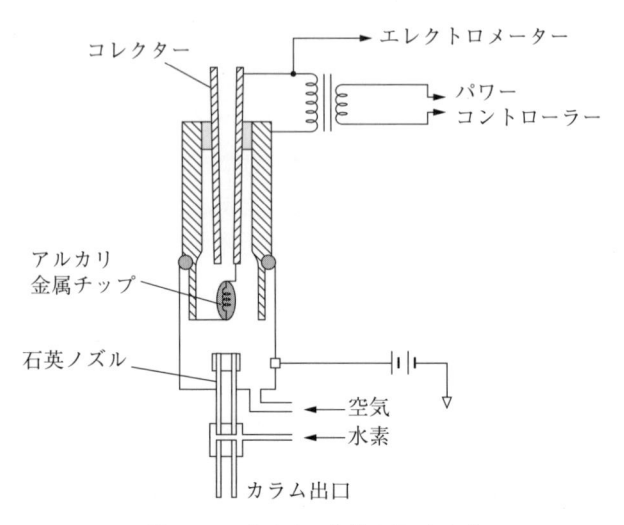

図 1.4.17 熱イオン化検出器 (FTD)

を生成する．その結果，アルカリ金属の熱イオンが増加する．この増加するイオン電流を増幅して測定する（図 1.4.17）．

6) その他の検出器

上記以外に検出器としては光イオン化検出器，電気伝導度検出器，表面イオン化検出器，マイクロ波誘導プラズマ検出器，ヘリウムイオン化検出器，化学発光検出器，定電位電解検出器，フーリエ変換赤外分光光度計，質量分析計などがある．これらについては総説や成書を参照されたい．

1-4-6 液体クロマトグラフィー

液体クロマトグラフィーは移動相として液体を用いるクロマトグラフィーで，カラムの固定相と移動相との間で生じる試料成分の相互作用を利用して分離する手法である．移動相を高圧で送液し，短

時間で高性能の分離を得るようにしたものを高速液体クロマトグラフィーという．高速液体クロマトグラフィーでは使用する固定相と移動相との組み合せによって分配クロマトグラフィー，吸着クロマトグラフィー，サイズ排除クロマトグラフィー，イオン交換クロマトクロマトグラフィー（イオンクロマトグラフィー）等がある．ガスクロマトグラフィーでは適用が困難であったり熱的に分解するような化合物に対しても有効である．

（1）分離モード

高速液体クロマトグラフィーでは，使用する固定相と移動相との組み合わせによって多種の分離機構（分離モード）が得られるが，主として以下の4種類に分類できる．

 1）分配クロマトグラフィー

移動相と固定相にたいする試料成分の分配を利用した分離モードである．充てん剤としてシリカゲルの表面にオクタデシル基，オクチル基などの官能基を化学結合させたもの（逆相分配クロマトグラフィー）や親水性の$-NH_2$，$-CN$等の官能基を化学結合したもの（順相分配クロマトグラフィー）が広く用いられている．逆相分配クロマトグラフィーは液体クロマトグラフィーでは最も広く用いられている．

 2）吸着クロマトグラフィー

充てん剤としてシリカゲルをそのまま用いて，シリカゲルの表面シラノール残査（Si-OH）に，試料と固定相の間に働く水素結合や双極子相互作用などの親水性の相互作用によって保持を行わせる手法である．一般的に吸着クロマトグラフィーは順相系のモードとして用いられる．

 3）イオン交換クロマトグラフィー（イオンクロマトグラフィー）

この分離モードは，イオン交換体とイオン性溶質との静電的相互作用による分離で，陰イオン交換モードと陽イオン交換モードに大別される．陰イオン交換モードでは充てん剤表面の4級アミン基等の陽イオン性基に陰イオンが競合的にクーロン力により保持されると考えられる．逆に，陽イオン交換モードではスルフォン基やカルボシル基のように，陰イオン性基に対して陽イオンが競合的にクーロン力により保持されていると考えられる．

4) サイズ排除クロマトグラフィー

このモードはゲルろ過クロマトグラフィー，ゲル浸透クロマトグラフィー，分子ふるいクロマトグラフィーとも呼ばれている．このモードでは理想的には固定相表面と試料分子の相互作用ではなく，分子の大きさとゲルの細孔の大きさとの関係により分離するものである．小さな分子はより小さい細孔に入るので，大きな分子に比べ溶出時間が遅れる．このためこのモードでは分子量の大きいものから溶出してくることになる．

(2) 液体クロマトグラフの概要と基本構成

高速液体クロマトグラフの基本構成を図 **1.4.18** に示す．図にあるように移動相液体の送液部，試料導入部，分離部（カラム・カラム槽），検出部，データ処理部からなる．

移動相（溶離液）はポンプにより一定の流量で試料導入部，カラムへと送液される．ポンプは通常 $0.01\,\mathrm{m}\ell \sim 10\,\mathrm{m}\ell/\mathrm{min}$ の送液流量範囲と $40\,\mathrm{MPa}$ 程度の吐出圧力が要求され，往復動型プランジャーポンプが主に用いられている．

ガスクロマトグラフ分析の場合は一定カラム温度の恒温分析とカラム温度を時間と共に変化させる昇温分析があるが，液体クロマトグラフの場合は単一の溶離液を一定組成で送液する場合と複数の溶

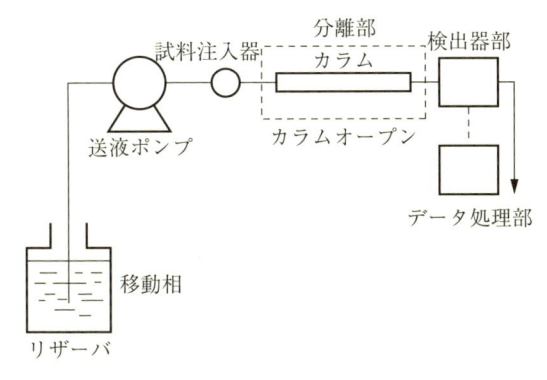

図 1.4.18 高速液体クロマトグラフの基本構成

離液を用い，時間的にその組成を変化させるグラジエント操作とがある．このグラジエント操作には複数のポンプと混合溶液を均一に混合するためのミキサー部を使用する場合とグラジエント装置を使用する場合とがある．

試料溶液はマイクロシリンジなどで計量し試料導入装置を介して，一定量の試料溶液が通常恒温槽で一定温度に保持されたカラムへ導入される．導入された試料成分はカラムで分離され検出器に到達する．検出器の応答は電気信号に変換されデータ処理装置に送られクロマトグラムが得られる．データ処理装置はクロマトグラムを基にピーク位置（保持値），ピーク面積等から，対象成分の定性，定量を行なう．

1）移動相送液部

移動相（溶離液）をカラムに送液するための部分で，主に溶離液槽（リザーバー），脱気装置，送液ポンプから構成される．脱気装置は安定した流量とバックグラウンドを得るため溶離液に溶け込んでいる空気を除くためのもので，ヘリウムのバブリングや減圧など

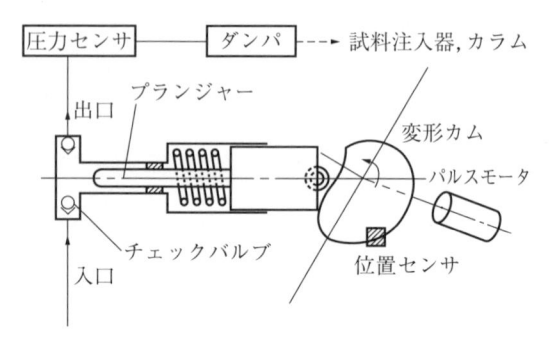

図 1.4.19 往復動形小プランジャポンプの構成図

を利用したものがある．送液ポンプは溶離液を精密な流量でカラムへ送液するためのものである．大口径のシリンジ型やプランジャー型があるが，最近では液体クロマトグラフで使用されているポンプはプランジャー型がほとんどである．プランジャー型はシングルタイプとダブルタイプがある．いずれも位相をずらしたり，変形カムを用いたりして，検出器，カラムへ悪影響を与える脈流をできるだけ小さくする工夫がされている．ポンプの性能としては通常 0.01 mℓ ～10 mℓ/min 程度の送液流量範囲と 40 MPa 程度の吐出圧力が要求される（**図 1.4.19**）．

  2）試料導入部

  試料導入は一般的には**図 1.4.20** に示した 6 方バルブが利用されている．マイクロシリンジで一定量試料溶液を採取し，6 方バルブの一端から試料管（ループ）に試料を導入した後，バルブを切換えループ内の試料溶液をカラムへ移送する．シリンジでループ容積以下の一定量を正確にとり注入するシリンジ秤量方式とループ容積以上の試料を十分多量に流し，ループを試料溶液で満たし，ループ容積を注入量とするループ秤量方式がある．注入量再現性の面からは

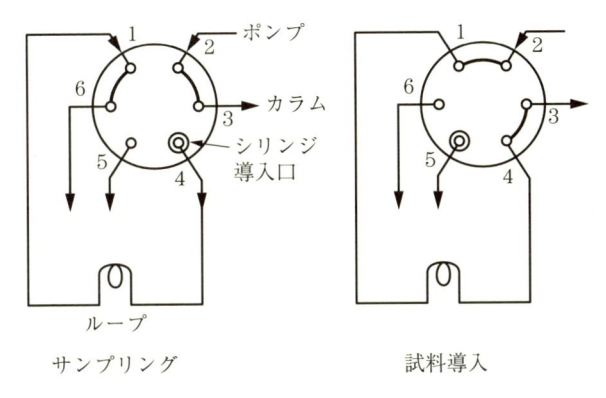

図 1.4.20　インジェクター

ループ秤量方式が優れているが，反面，注入量が固定となり注入量に任意性がなくなる．試料ビンから試料を一定量とりループを介してカラムへ導入する一連の試料導入操作を自動化した自動試料導入装置（オートインジェクター）も広く一般的に使用されている．

3）カラム

液体クロマトグラフ用カラムは分析対象・目的等の諸条件により使用するカラムサイズが異なるが，一般的には内径 2–6 mm 程度で長さは 20–40 mm 程度のステンレスチール製あるいはポリエーテルエーテルケトン（PEEK）製等の管に充てん物を詰めたものが用いられる．カラム充てん剤は一般的には 3–10 μm 程度の比較的均一な粒子径をもつシリカゲルなどの無機化合物やポリスチレンゲルなどの高分子化合物が用いられる．また，これらを母体とした表面に有機分子を化学結合したものも使用される．カラムは分離状態を一定に保ち，同定，定量精度を確保するため一定温度に保った恒温槽にセットされる場合が一般的である．

4）検出器

液体クロマトグラフ用の検出器としては吸光光度検出器，示差屈折率検出器などが使用されている．最近では吸収スペクトルが同時に測定できるフォトダイオードアレイ検出器が定性情報を与える検出器として重要視されている．以下にこれらの検出器の概要について述べる．

① 吸光光度検出器

この検出器は，紫外・可視部で吸収される試料成分の吸光度を測定するもので，感度が比較的高い上に，温度や移動相の脈流などの影響を受けにくいので，液体クロマトグラフィーでは最も広く使用されている．この検出器は溶質濃度と吸光度との間に Lambert–Beer の法則が成り立つことに基づいている（図 1.4.21）．

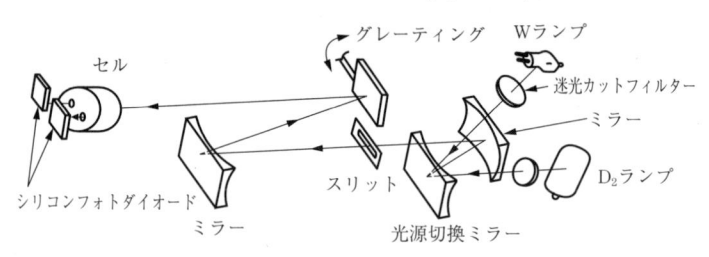

図 1.4.21 吸光度検出器の光学系

この法則によれば，稀薄溶液であれば吸光度 A は

$$A = \varepsilon c \ell$$

ε：吸光係数　c：濃度　ℓ：光路長

として与えられる．このためフローセルに到達した成分の吸光度を測定することにより，成分濃度が求められる．光源には主に重水素ランプ（紫外部），タングステン（可視部）が使用され，回折格子（グレーティング）により分光された単色光がセルを通過し，シリ

コンフォトダイオードなどの検出器に入ることで電気信号に変換される.

② フォトダイオードアレイ検出器

一般の吸光光度検出器がセルに光が入る前に回折格子により分光され，その単色光を利用しているのに対し，フォトダイオードアレイ検出器では，多色光としてセルを通過した光を検出器に導いている点が異なっている．この検出器の原理図を（**図 1.4.22**）に示した．セルからの多色光が回折格子により分光されたあと，フォトダイオード素子に導かれる．フォトダイオード素子は 512 素子程度から構成されており，その素子各々が連続した，かつ異なった波長の光を同時に電気信号に変換する結果，リアルタイムでのスペクトル測定が可能である．また，この検出器は保持時間・波長・信号強度の 3 次元データを扱うため，専用のソフトウエアを用いてデータ処理がなされ，ある時刻のスペクトル，または，ある波長のクロマトグラムを任意に得ることができる．このため定性面で有効な情報が得られる．

③ 示差屈折率検出器

この検出器は試料セルと参照セルの屈折率の差を測定しているので，物質に対する特異性はほとんどなく，多くの物質に対して応答があるので万能検出器ともいえる．しかしながら，反面，感度面で他の検出器に比べ劣る，選択性がないので夾雑物の影響を受け易い，温度や脈流の影響を受け易いなどの弱点がある．また，この検出器では分析中に移動相組成を変更することができないので，グラジェント溶出法は適用できない．

示差屈折率検出器はフレネル型，干渉型，偏光型の 3 種に大別される．フレネル型は 2 媒質の境界面での光の透過率が両媒質の屈折

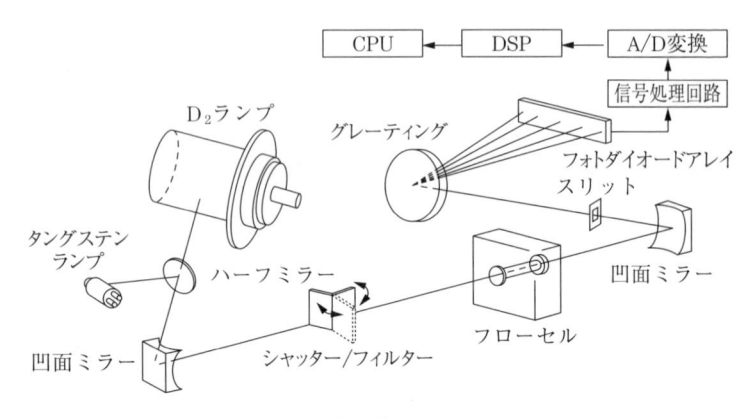

(a) 検出器の原理

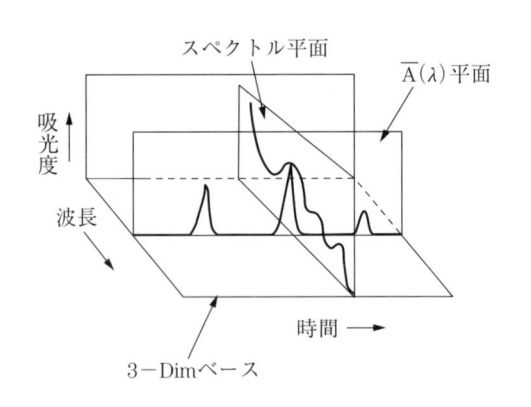

(b) 検出器を用いて得られるデータ

図 1.4.22 フォトダイオードアレイ検出器

率差によって変化することに基づく．干渉型は光源からでた光をビームスプリッタで2系統に分け，試料セルと参照セルを透過させたあと，再び集光して，屈折率差によって生じる光の干渉による光の強度変化を測定するものである．偏光型は，直列に並んだ試料セル

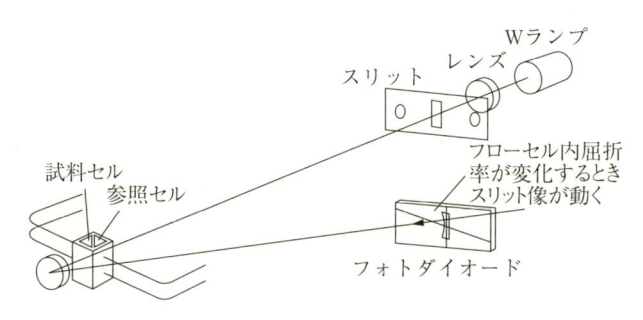

図 1.4.23 偏光型示差屈折検出器

と参照セルを光が通過する際，その屈折率差により光全体の屈折角度が変化する度合を測定するものである．実際の装置では，屈折率差に比例して検出器部分に作られる像が移動するため，それによって生じる光量の差を検出している．偏光型の一例を**図 1.4.23** に示した．

④ 蛍光検出器

蛍光検出器は励起光（通常は紫外光）によって試料成分が励起され特定波長の蛍光を発する成分について，その蛍光強度を測定するものである．蛍光検出器には，フィルタ方式と分光方式の2種類があるが，最近では励起・蛍光スペクトルが得られることもあり，分光方式が広く用いられている．光源にはフィルタ方式では水銀ランプが，分光方式では，キセノンランプが用いられている．なお，対象成分に自然蛍光がない場合でも，プレカラムやポストカラムを用い，カラムの前後で蛍光物質誘導体に変えて測定する方法も利用されている（**図 1.4.24**）．

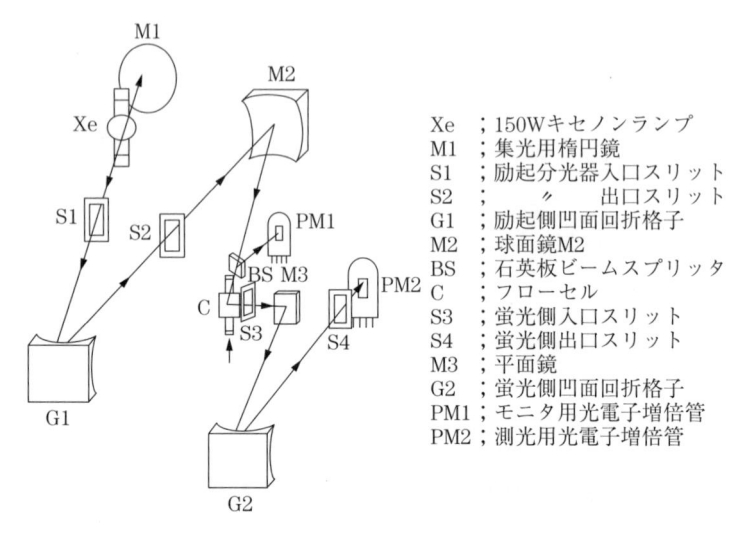

Xe ; 150Wキセノンランプ
M1 ; 集光用楕円鏡
S1 ; 励起分光器入口スリット
S2 ; 〃 出口スリット
G1 ; 励起側凹面回折格子
M2 ; 球面鏡M2
BS ; 石英板ビームスプリッタ
C ; フローセル
S3 ; 蛍光側入口スリット
S4 ; 蛍光側出口スリット
M3 ; 平面鏡
G2 ; 蛍光側凹面回折格子
PM1 ; モニタ用光電子増倍管
PM2 ; 測光用光電子増倍管

図 1.4.24 蛍光検出器の光学系

⑤ 電気化学検出器

電気化学検出器は一定の電圧を印加した作用電極の表面上に酸化還元性の物質が存在すると，その物質と電極との間で電子のやりとりが生じ，その結果生じる電流が成分量に比例することに基づいている．また，この検出器は電気化学的に酸化還元され易い物質が，高感度で選択的に検出できるという特徴を備えている（**図 1.4.25**）．

⑥ 電気伝導度検出器

電気伝導度検出器は，イオン性物質を選択的に検出することができるもので，イオンクロマトグラフィーでは無くてはならない検出器である．この検出器は移動相と溶出してくるイオンとの電気伝導度の相対量変化を測定している．電気伝導度検出器は温度の変化に影響されやすいので，セル部分を恒温槽に格納したり，それ自体に

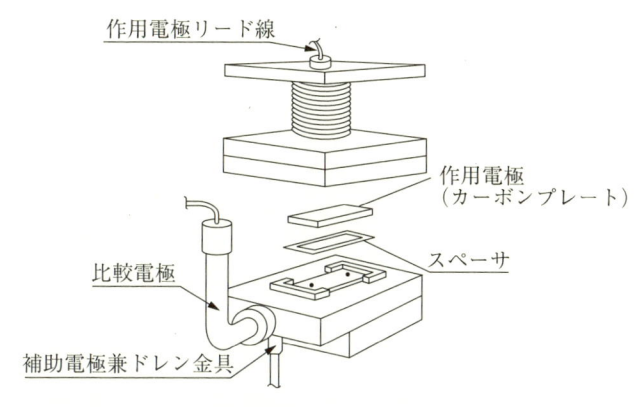

図 1.4.25 電気化学検出器

温度調節機能を持たせたもが使用されている．

⑦ 質量分析計

液体クロマトグラフの定性能力を補う手法として，検出器に質量分析計（MS）用いた液体クロマトグラフ／質量分析装置（LC/MS）が最近広く使用されつつある．

LCとMSとのインターフェイスとして大気圧化学イオン化法，エレクトロスプレーイオン化法，サーモスプレー法，パーティクルビーム法，FAB法など種々の方法が利用されている．

⑧ その他の検出器

上記以外の検出器として，化学発光検出器，放射性元素を利用した検出器，赤外吸収を利用した検出器などがあるが，上記検出器と比較してその利用度が低いので，ここでは説明は省略する．

1-4-7 電気泳動法

クロマトグラフィーとは異なる原理を利用した分離手法に電気泳

動法がある.

荷電粒子に電場を与えた場合に,その粒子が電極に向かって移動する現象を電気泳動という.この現象を利用して混合物質を分離分析する手法を電気泳動法という.

電気泳動法にはいくつかの種類があり,分離の作用面からは,移動度,等電点,分子の大きさ(ゲルによる分子ふるい)等の作用を利用したものに分けられる.また,従来のゲルを用いたガラス板間での分離の場とは異なる,内径10-200 μm 程度のキャピラリーを分離の場として用いるタイプをキャピラリー電気泳動法と呼んでいる.

(1) ゲル電気泳動装置

支持体を用いたゲル電気泳動装置としては,小ガラス管にゲルを作製し電気泳動するディスク電気泳動装置,ゲルをスラブ(平板)のガラス板間に作製したスラブ電気泳動装置,ディスク電気泳動装置とスラブ電気泳動装置を組み合せた二次元電気泳動装置などがある.二次元電気泳動装置は1段目で等電点による分離を行った後,2段目に分子の大きさを利用した分離を行うなどのタンパクの分析に有用な装置である.装置はゲルを設置する泳動槽と直流電流を安定に供給する電源装置から構成される.泳動後,分離されたタンパクやDNAは染色により可視化されバンド状に確認できる.(図 1.4.26)

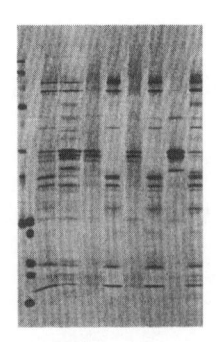

図 1.4.26 ポリアクリルアミドゲル電気泳動像

(2) キャピラリー電気泳動装置

キャピラリー電気泳動法には,支持体を用いるタイプと支持体を用いないタイプとがある.

支持体を用いないキャピラリータイプの電気泳動法(キャピラリィーゾーン電気泳動)は,その分離能の高さから,低分子量から高分子量の物質の分離分析法として利用分野を拡大している.支持体を用いるキャピラリータイプの電気泳動法(キャピラリーゲル電気泳動,キャピラリー等電点電気泳動)は,ゲルによる分子ふるい効果を利用するとともに,キャピラリーの高分離能を併用したもので,タンパクやDNAの分析に従来法にない威力を発揮している.装置としてはキャピラリーと電解液を入れるリザーバー,高圧電源装置,検出器で構成される(**図1.4.27**).キャピラリー電気泳動法として電荷を持たない中性物質も分離できるキャピラリー動電クロマトグラフィーや,電場の中で行なうキャピラリークロマトグラフィーであるキャピラリー電気クロマトグラフィーもある.

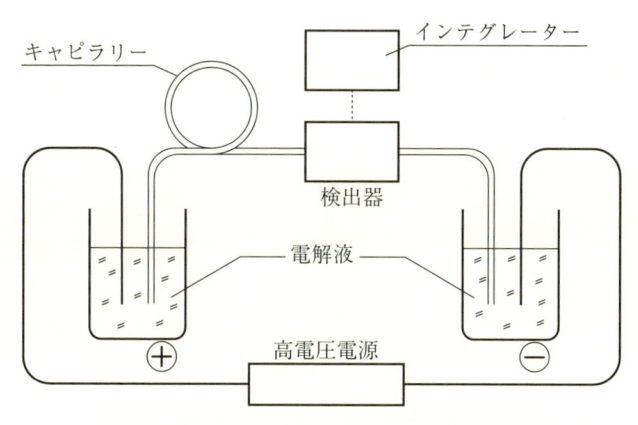

図1.4.27 キャピラリー電気泳動装置の略図

1-4-8 応用分析

ガスクロマトグラフや高速液体クロマトグラフは,環境,食品,医薬,石油化学,一般化学等,あらゆる分野で広範囲に利用されており,その応用例は限りない程である.

例えば,環境分野ではPCB,有機塩素系農薬の分析,硫化水素,メチルメルカプタン等の臭気分析,上水,環境水,排水中の消毒性副生成物,揮発性有機化合物,農薬等の分析,ゴルフ場農薬の分析,作業環境の分析等に応用されている.食品関連分野では,食品中の添加剤,抗酸化剤の分析,穀物,野菜中の残留農薬の分析,ビール,酒,ワインの品質管理分析に,石油化学分野ではエチレンプラント等の関連ガス分析,天然ガス分析,ガソリン,ナフサ,灯油,軽油等の製品分析に応用されている.医薬関連分野ではステロイド,カテコールアミン,胆汁酸等の生体試料分析,薬品の成分分析,錠剤

●農薬標準物質各0.1ppm n-ヘキサン溶液1μℓを分析した例で,いずれの成分も分解なくシャープなピークで溶出していることがわかる.

■Analytical Conditions
Column   : CBP10-S25-050
                   25m×0.3mmφ, df
                   0.5μm Fused Silica
Column Temp.   : 60℃(1min)
                   →180℃ 20℃/min
                   →250℃ 3℃/min
Inj. Temp.   : 60℃
Det. Temp.   : 300℃
Carrier Gas   : He 1.4kg/cm^2
Detector   : ECD
Sensitivity   : 10×2^6
Current   : 2nA
Inj. Mode   : Cool on column

農薬の分析

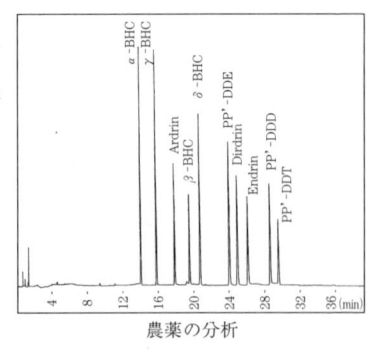

図1.4.28 有機塩素系農薬の微量分析

中の残留溶媒分析等に応用されている.

ここでは環境分析の応用例として, GCによる有機塩素系農薬の微量 (図 1.4.28) 分析, 食品関連として GC による吟醸酒の分析 (図 1.4.29), 医薬品として LC による目薬の分析 (図 1.4.30), 石油化学関連として GC による軽油の分析 (図 1.4.31) を示した.

■Analytical Conditions
Sample Thermostatting Conditions
　　Sample Quantity　　　　　: 5mℓ
　　Thermostatting Temp.　　: 100℃
　　Thermostatting Time　　 : 60min
　　HSG injection Volume　　: 0.8mℓ
GC Conditions
　　Column　　　: CBP20-S25-050
　　　　　　　　　25m×0.33mmφ,
　　　　　　　　　df=0.5μm
　　Column Temp. : 50℃ (5min)
　　　　　　　　　→200℃ 10℃/min
　　Inj.Temp　　 : 230℃
　　Det.Temp　　 : 230℃
　　Carrier Gas　 : He 1.35mℓ/min
　　Detector　　　: FID
　　Sensitivity　 : $10^0 \times 2^5$
　　Split Ratio　 : 1 : 16

■Peaks
 1 Acetaldehyde
 2 Acetone
 3 Ethyl Acetate
 4 Ethanol
 5 n-Propyl Alcohol
 6 Isobutyl Alcohol
 7 Isoamyl Acetate
 8 Isoamyl Alcohol
 9 Ethyl n-Caproate
10 Ethyl n-Caprylate
11 Ethyl n-Caprate

吟醸酒Bの分析

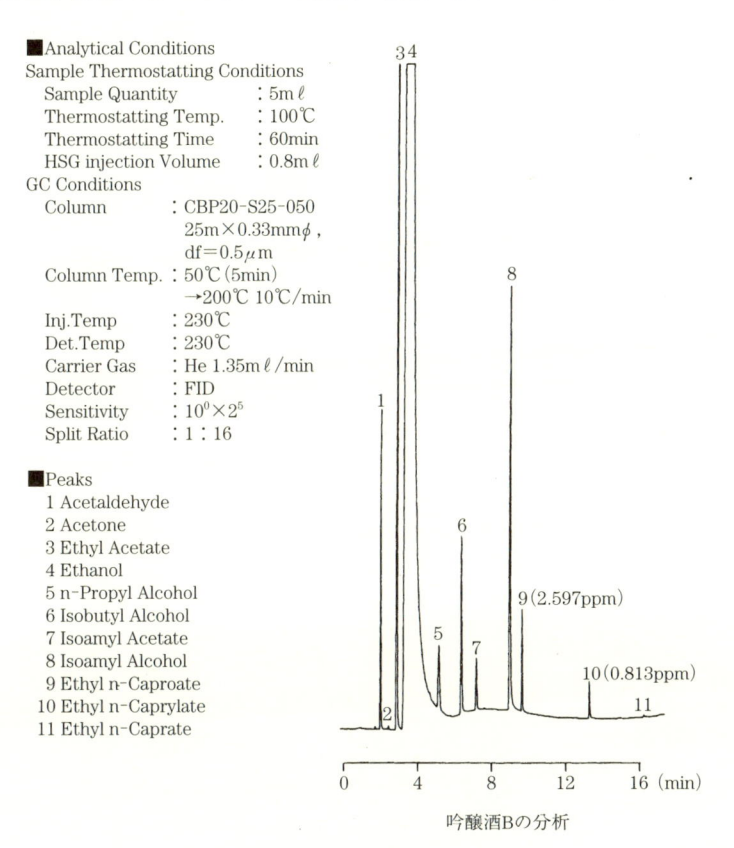

図 1.4.29　吟醸酒 B の分析

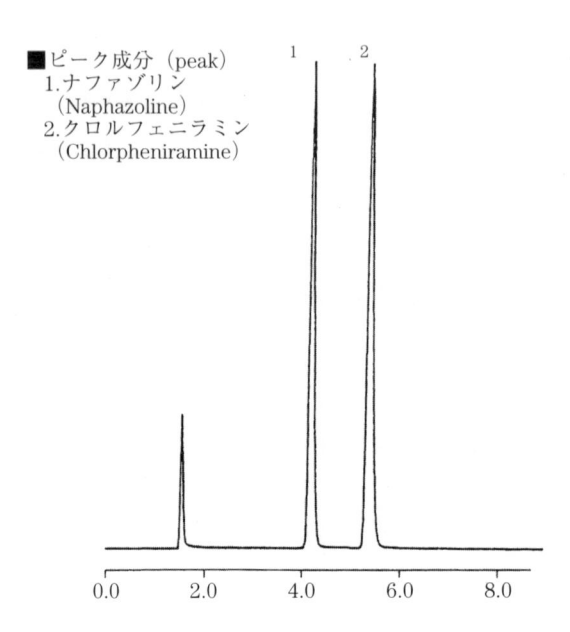

■ピーク成分（peak）
 1. ナファゾリン
  （Naphazoline）
 2. クロルフェニラミン
  （Chlorpheniramine）

■分析条件

 カラム：STR ODS-II（4.6mmφ×150mm）
 移動相：A：100mM過塩素酸ナトリウムを含む
     10mMりん酸（ナトリウム）緩衝溶液（pH2.6）
    B：アセトニトリル
    A/B＝2/1（V/V）
 流　量：1.0mL/min
 温　度：40℃
 検　出：吸光度（254nm）

■試料前処理

 1. 試料をメンブランフィルタ（0.45μm）を用いて，ろ過する．
 2. ろ液を5μLを注入する．

図1.4.30 目薬中の，ナファゾリン，クロルフェニラミンの分析例

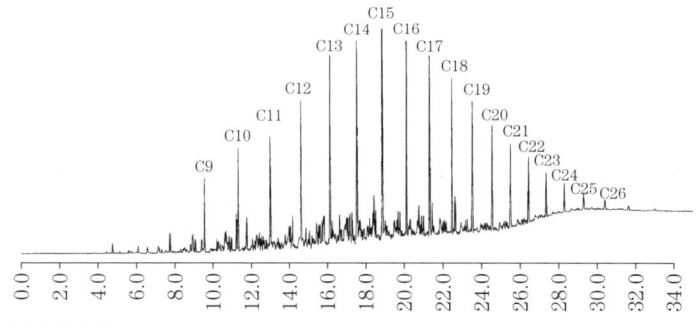

■分析条件

Model　　　：GC-17AAFw ver.3
Column　　：DB-1 60m × 0.32mm i.d. df = 1.0μm
Col.temp.：50℃-10℃/min-320℃ (3min)
Inj.Temp.：300℃
Det.Temp.　　：330℃ (w-FID)
Carrier Gas　：He 30cm/sec at 50℃
　Pressure Prog.：125kPa-2.5kPa/min-200kPa
Injection　　：Split 1：100
Inj.Vol.　　　：0.2μL

図 1.4.31 軽油の分析

((株)島津製作所　齋藤　壽)

参考資料

1) 保母敏行監修：高純度化技術体系　第1巻　分析技術　フジテクシステム社 (1996)
2) 荒木　俊：ガスクロマトグラフィー　東京化学同人 (1993)
3) (社)日本分析化学会GC研究懇談会編：キャピラリーガスクロマトグラフィー朝倉書店 (1997)
4) 島津製作所：液体クロマトグラフィー入門講習会講義テキスト
5) 島津製作所：ガスクロマトグラフィー入門講習会講義テキスト
6) (社)日本分析機器工業会：分析機器の手引き (2001)
7) 島津製作所：分野別データブックシリーズ，分析ガイド化学工業編
8) 島津製作所：島津全自動ヘッドスペースガス分析システム応用データ集
9) 島津製作所：キャピラリーガスクロマトグラフィー，応用データ集 No. 1
10) 島津製作所：島津高速液体クロマトグラフ，医薬品分析応用データ集

1-5 X線分析とその応用

1-5-1 X線の発生と検出方法

蛍光X線の発生は1次X線が原子に衝突すると原子核を回っている電子と相互作用を起こし電子が弾き飛ばされる．そのため安定な状態に戻ろうとしてよりエネルギーの高い軌道から内側の軌道に電子が落ちてくる．この時軌道エネルギー差に相当するX線が放出される．例えばKα線はK殻の空孔がL殻からの電子によって埋められる際に特性X線が放出される．

X線は可視光（550 nm程度）と比べ波長が短く（0.1 nm程度）エネルギーはh（プランクの定数）とν（振動数）の積で表わされので高いエネルギーを持つ．X線を励起源として発生するX線を蛍光X線と呼ぶ．元素毎の軌道エネルギー差が決っているので，発生X線のエネルギー（つまり波長でもある）を調べれば，元素を特定することが出来る．試料の元素濃度に相当する強度のX線が発生する．そのX線の強度のカウント数から濃度を求めることが出来る．蛍光X線分析法は大気存在のもとでも試料測定は可能である．その他，X線発生方法として試料を真空中に設置し電子ビームの照射により励起されるX線を測定する方法もある．

励起されたX線を検出する方法としてはLiFなどの回折結晶を用いる波長分散型X線分光法（Wavelength dispersive X–ray spectroscopy, WDX）とα線やγ線など高エネルギー粒子の検出のために開発され，其の後改良されたGeやSiなどの高純度半導体を用いるエネルギー分散型X線分光法（Energy dispersive X–ray spectroscopy, EDX）とがある．後者では発生したX線が高圧（約1000 V）

1-5 X線分析とその応用

印加されたシリコン素子の検出器に到達すると,シリコンの中でX線が持っているエネルギーに比例した電子対が発生する.1個の電子対を発生させる為には3.8 eV必要であり発生した電子対の数を数えると入射X線が持っているエネルギーが分かる.図 **1.5.1** にEDXの検出器原理図を示す.

WDXでの微小部X線分析法はEPMA(Electron probe micro analyzer)と呼ばれる.EDXと走査型電子顕微鏡(Scanning electron microscope, SEM)の組み合わせた装置をSEM/EDXと呼び現在ではEPMAより普及している.さらに最近ではSEMにWDXを取り付けた分析装置もある.

WDXはEDXに比較してエネルギー分解能が高く特定のエネルギーだけを検出する.試料への照射エネルギーを多くすると,より多

シリコン素子の両側は金属で形成されている.約 1,000 V バイアス電圧を印加することにより,p-i-n層のi層が広がる.X線が素子に到達すると,それが持っているエネルギーに比例して瞬時に電子対が発生する.

一個の電子対が出来るエネルギーは3.8 eVで一定であるため,瞬時に発生した電子対の数を数えることにより,入射X線が持っているエネルギーが分る.又単位時間での同一エネルギーの発生回数からエネルギーの強度が分かる.

1個の電子対を作るのに必要なエネルギー
$\varepsilon = 3.8$ eV
例えばマンガンとナトリウムの臨界励起エネルギー(Ex)は
5894 eV (MnKα)
1041 eV (NaKα)
発生する電子対の数 n=Ex/ε
1551 pcs→MnKα
274 pcs→MnKα

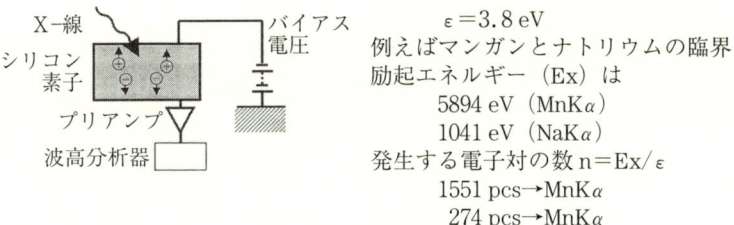

図 **1.5.1** 半導体検出器の原理

くのX線を励起することができるので,微量成分の検出が可能となる.一方,EDXは照射X線を多くすると全ての元素がより励起され,多くのX線が発生する.その全てのX線をEDX検出器が検出するため特定元素だけの検出下限の改善が困難である.

1-5-2 微小部蛍光X線分析法(X線分析顕微鏡)
(1) 原理と装置概要

X線は電離作用と写真作用を持つのは周知である.透過X線はレントゲン写真のように試料の厚さや軽元素と重元素の差異がX線強度の大小となって得られる.X線分析顕微鏡ではX線発生管で発生したX線をガラス製の細いキャピラリー/X線導管に導き細いビームとし,分析対象試料に照射し試料を二次元で走査する.透過X線で厚さの分布像,発生する蛍光X線で組成の一様性や異物などの分布像が得られる.図1.5.2に概念図を示す.測定できる厚さは試料の密度や平均原子番号によって異なるが,例えば50W(50 kV, 1 mA)のX線発生管ではプラスチックやアルミニウムのような軽元素で構成される試料に対しては1 mmまで,鉄板や銅板などに対しては0.2 mm程度までの試料の透過X線像が得られる.一方,蛍光X線としての元素情報は試料が生体やプラスチックのように,主成分が軽元素で構成されている試料中の亜鉛や銅などの重元素を測定する場合には,主成分によるX線の吸収が小さいために1 mm程度の深さの領域からの情報も得ることができる.

(2) 分析方法と分析データの読み方

原子番号が大きくなるほど発生するX線の種類は増加する.例えばSiはK系列($K\alpha_1$, $K\alpha_2$, $K_{\beta1}$)とよばれるエネルギー系列をもちPbはこれ以外にL系列やM系列など多くのX線を持つ.元

1-5 X線分析とその応用

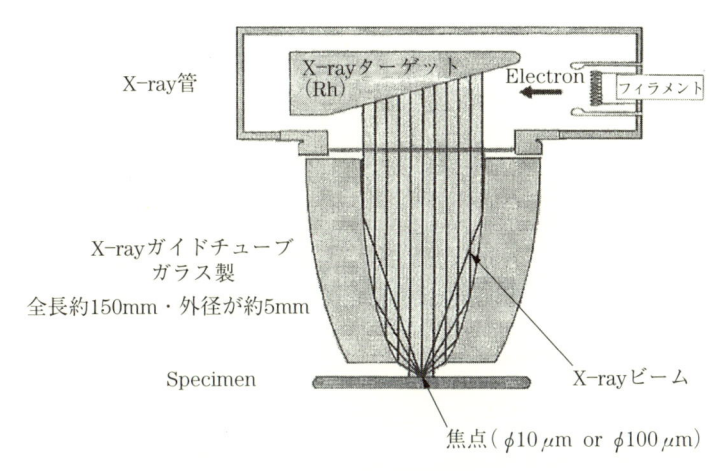

図1.5.2 X線導管の概念図

素によっては近接したエネルギーをEDX検出器を用いた場合，例えばTiとBaのK(Ti)線とL(Ba)はともに4.51 keVで分離が不可能なことがある．

このとき各元素のスペクトル強度比は既知であり，未知試料のスペクトル強度比が既知の値と異なれば2元素のスペクトルが重なっていることが分かる．またSiとWのKα(Si)線とMα(W)線は1.74と1.77 keVで判別は困難であるが1次X線源の電圧を20 keV以上に上げると$L\alpha_1$(W) 8.396 keVが発生しWの存在の確認が可能となる．

図1.5.3にエネルギー近接元素とそのスペクトルを示す．その他エスケープピークとよばれ本来ピークより1.74 keV低いピークの発生や検出X線が多い時にはサムピークと呼ばれる大きなエネルギーのX線が検出されることがある．

EDXではお互いに近いエネルギーを持ったピークを見分けることは，重要なテクニックである．

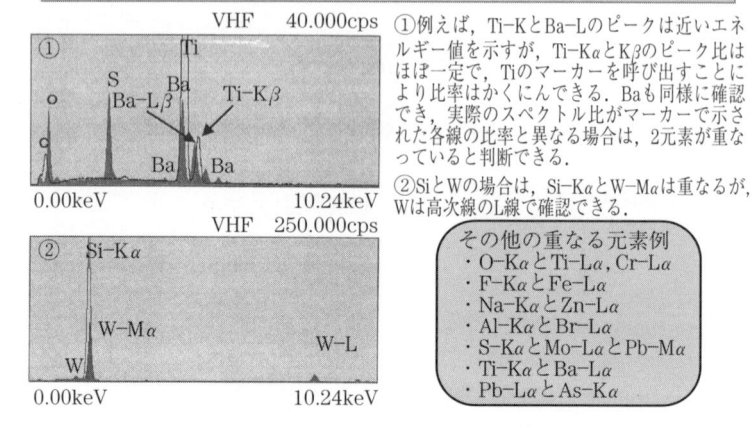

① VHF 40.000cps

Ti
S Ba
Ba-Lβ Ti-Kβ
Ba Ba

0.00keV 10.24keV

② VHF 250.000cps

Si-Kα
W-Mα W-L
W

0.00keV 10.24keV

①例えば，Ti-KとBa-Lのピークは近いエネルギー値を示すが，Ti-KαとKβのピーク比はほぼ一定で，Tiのマーカーを呼び出すことにより比率はかくにんできる．Baも同様に確認でき，実際のスペクトル比がマーカーで示された各線の比率と異なる場合は，2元素が重なっていると判断できる．

②SiとWの場合は，Si-KαとW-Mαは重なるが，Wは高次線のL線で確認できる．

その他の重なる元素例
・O-KαとTi-Lα，Cr-Lα
・F-KαとFe-Lα
・Na-KαとZn-Lα
・Al-KαとBr-Lα
・S-KαとMo-LαとPb-Mα
・Ti-KαとBa-Lα
・Pb-LαとAs-Kα

図 1.5.3　重なりピークの識別方法

1-5-3　電子線励起 X 線元素分析（SEM・EDX）

（1）原理と装置概要

電子顕微鏡の電子銃から放出された電子は，試料表面での衝突により，2次電子や反射電子及び X 線を発生する．2次電子は試料表面の凹凸の情報を反映しており SEM 像として観察される．反射電子は原子番号に依存したコントラストが得られることから SEM 観察画面でも元素の違いは確認できる．しかしながら構成元素の同定は出来ない．この時発生する特性 X 線で試料の構成元素分析が可能である．電子は高電圧で加速され分析対象試料に当たるが加速電圧が高いほど又試料の平均原子番号が低くなるほど，より深い部分に存在する元素の情報が得られる．分析目的試料の中に存在する Na 以上の元素なら構成元素全体の 0.1 Mass％程度含有する元素の検出が可能である．

図 1.5.4 に電子加速電圧と発生 X 線もぐり込み深さを示す．

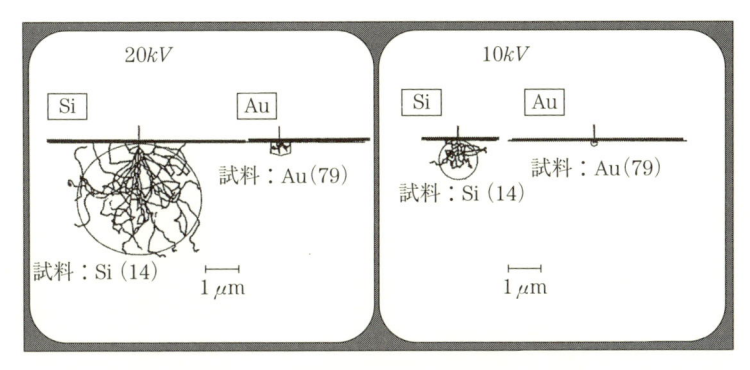

EDX 分析は表面分析と言われているが，平均的に数 μm の深さまでの X 線情報が得られる．加速電圧が高いほど，また試料の平均原子番号が低くなるほど，より深い X 線情報が得られる．

図 1.5.4 電子加速電圧ともぐり込み深さ

（2）分析方法と分析データの読み方

試料は電子顕微鏡に装着する試料台にカーボンテープやカーボンペーストを用い固定する．真空の中で導電性のない試料に電子線を照射すると試料の表面に電子の層が出来，2 次電子が発生せず物質の形態も見えなくなる．そのために予め試料をカーボンや金，白金を蒸着する．最近は低真空の電子顕微鏡では真空度が低く電子が照射されてもその電子は残存空気をイオン化し電荷を放出するため試料の表面に電子の層が出来ない．従って導電性物質の蒸着は不要となっている．窒素の分析を行うときは窒素のピークは炭素の吸収端エネルギー値に近く検出されにくくなるためカーボンの蒸着を薄く（数 nm）にする必要がある．**図 1.5.5** にチャージアップの例を示す．

元素の定性分析における電子顕微鏡加速電圧の設定は通常，加速電圧 20 kV で分析する．K，L 及び M 線のうち 10 keV 以下の X 線

非導電性の試料に電子線を照射すると、電子が試料表面に帯電する。その結果、SEM像が白く光ったり乱れたりする。

この現象をチャージアップと言う。チャージアップ状態で元素マッピングを行うと、画像が移動したり変形したりするために良い結果は得られない。

スペクトル1はチャージアップ状態で測定した結果である。例えばSiについて定性分析は可能であるが、定量分析では実際のバックグラウンドと合わず精度が悪くなる。バックグラウンド計算式と合わず精度が悪くなる。従って導電処理をするか、低真空状態で分析する。

スペクトル2は正常な状態で測定した結果である。バックグラウンドと計算結果が一致している。

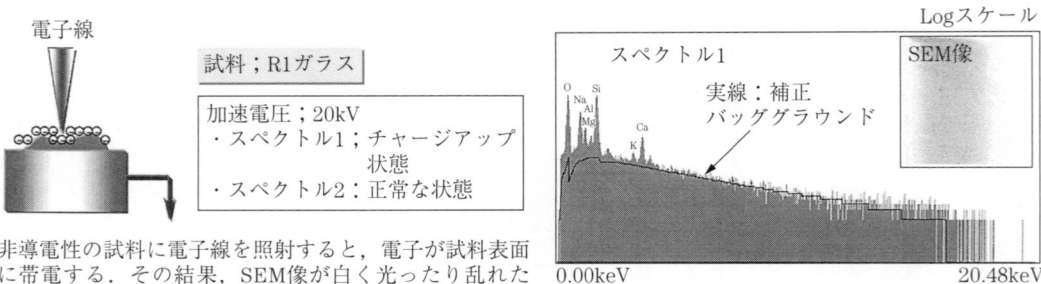

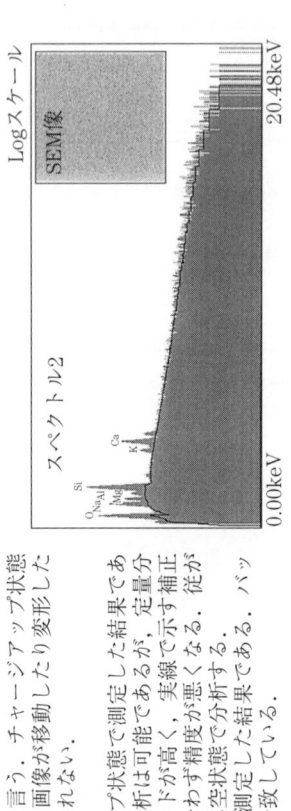

試料；R1ガラス
加速電圧；20kV
・スペクトル1；チャージアップ状態
・スペクトル2；正常な状態

図 1.5.5 非導電性物質への金属蒸着の効果

に着目すれば全ての元素の定性分析が出来る．Na 以下の軽元素の定性には 5 keV 以下が適している．10 keV の範囲でピークが重なり同定できないときは，原子番号の大きい元素に対しては加速電圧を 20 kV 以上にして，高次線（K，L 線）で見分けられる場合がある．

定量分析には標準試料を用いるスタンダード法と，用いないスタンダードレス法がある．B を含む試料は前者が良い結果を示す．定量補正法に ZAF 法と Φ(ρZ) ファイロージ法があり ZAF 法は Na から又 Φ(ρZ) 法では B からの定量が可能である．

（3）SEM・EDX での微小領域での元素分布と定量分析への応用

分析対象試料の組成元素が均一に分散している場合は本法以外に各種の分析方法がある．この分析装置は微小領域での元素の分布状態を調べるための装置である．つまり元素の不均一分布状態の確認ができる．また母材料の中に点在する微小異物である粒子 1 つひとつを分析対象物とすることも可能である．

（㈱堀場製作所　池田昌彦）

第2章　活躍する分析機器

2-1　古き時代を探る（考古学と分析計）

2-1-1　保存科学と機器分析

　分析化学が最も数多く活躍している場面は，工場における品質管理の現場であり，河川や海洋，土壌，大気等の環境管理であろう．これらのいわゆる日常的な現場と比較した場合，「考古学」，「歴史」という分野は我々の日々の生活とは少し離れた部分に存在している．しかしながら，歴史や文化財に関するさまざまな話題がマスコミにとりあげられることも非常に多くあり．学問としての歴史や考古学に携っていない人々にとっても歴史的な興味は一般的なものであるらしい．

　「考古学」とは遺跡の発掘調査や出土品に研究の重点が置かれた学問であるが，現実に発掘により得られた出土品は，環境の変化のために，土中に有った状態と比較して急激に損傷を受けることが多い．そこで登場するのが「保存科学」という学問分野である．この分野は資料をいかに保存するかという観点から，考古学，歴史学，美術史学などの従来の歴史分野の学問と自然科学の分野にまたがるもので，現在では考古学だけでなく，文化財全般を対象とするものとなっている．さらに資料の保存，修復だけでなく，材質や製作技

法,古環境の解明なども研究対象となっている.分析化学が活躍する場もこの保存科学とのかかわりであり,日本分析化学会の機関誌である『ぶんせき』には5~10年おきに進歩総説欄に「古文化財の分析」がとりあげられている.各種の分析手法の研究により,この分野での分析化学の役割は年々大きくなっているが,文化財と分析化学のかかわりの概要を図 2.1.1[1]に示す.

本稿ではXRFを用いての絵画顔料の測定の事例と,同位体比測定による青銅製品の産地推定について紹介する.

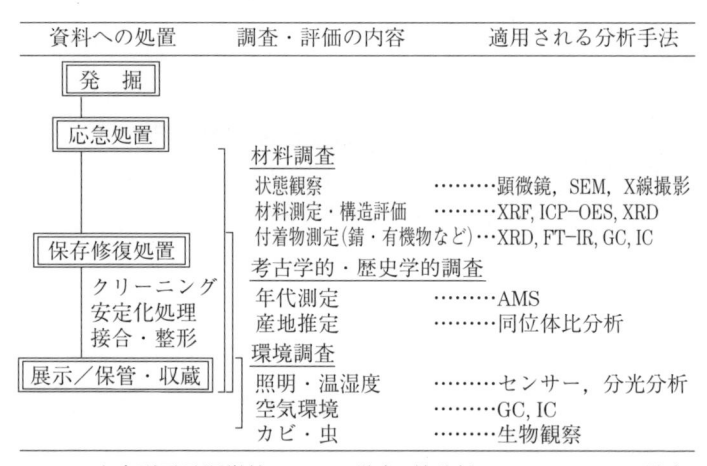

資料への処置	調査・評価の内容	適用される分析手法
発掘		
応急処置		
	材料調査	
	状態観察	………顕微鏡, SEM, X線撮影
	材料測定・構造評価	………XRF, ICP-OES, XRD
保存修復処置	付着物測定(錆・有機物など)	…XRD, FT-IR, GC, IC
	考古学的・歴史学的調査	
クリーニング	年代測定	………AMS
安定化処理	産地推定	………同位体比分析
接合・整形	環境調査	
展示/保管・収蔵	照明・温湿度	………センサー, 分光分析
	空気環境	………GC, IC
	カビ・虫	………生物観察

SEM:走査型電子顕微鏡, XRF:蛍光X線分析, ICP-OES:ICP発光分光分析, XRD:X線解析分析, FT-IR:フーリエ変換赤外分光分析, GC:ガスクロマトグラフィー, IC:イオンクロマトグラフィー, AMS:加速器質量分析

図 2.1.1 考古学・文化財と分析化学とのかかわり

2-1-2　蛍光 X 線分析装置による絵画顔料の測定
（1）蛍光 X 線分析法について

　蛍光 X 線分析法は試料に一次 X 線を照射しその時に発生する蛍光 X 線が試料中の元素の種類，量に依存することを利用する手法で蛍光 X 線のエネルギーにより含有元素の種類を，数（カウント数）によりその量を求めることができる．蛍光 X 線分析法は試料を破壊する必要がない，比較的短時間で分析結果が得られるなどの利点があり，試料にたいするダメージを最小にするという観点からは，文化財の分野では非常に多用されている手法である．蛍光 X 線の装置には大きくわけて波長分散型とエネルギー分散型がある．波長分散型は蛍光 X 線を分光器方式で分離するもので，概念図 **2.1.2** を示す．蛍光 X 線のエネルギー分解能が高い，バックグラウンドが低く検出能が高いなどの利点を有するが，使用する X 線の出力が高いためかなり大掛かりな遮蔽が必要となり，装置も大型になる．試料室を完全に密閉する必要が有るため，特に大型の試料を取扱う必要が多い文化財の分野では特別に製作された装置が必要になる．

　これに対してエネルギー分散型の装置は検出器自体にエネルギー分解能を持たせる方式で，代表的な検出器である半導体検出器の概

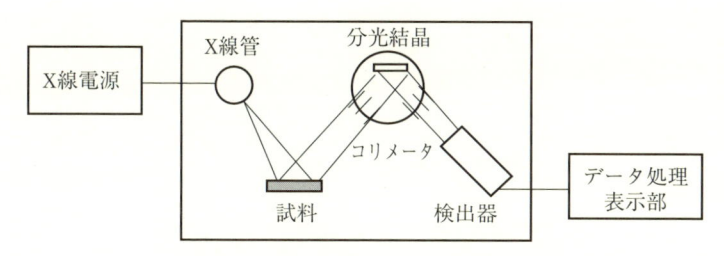

図 **2.1.2**　波長分散型蛍光 X 線分析装置

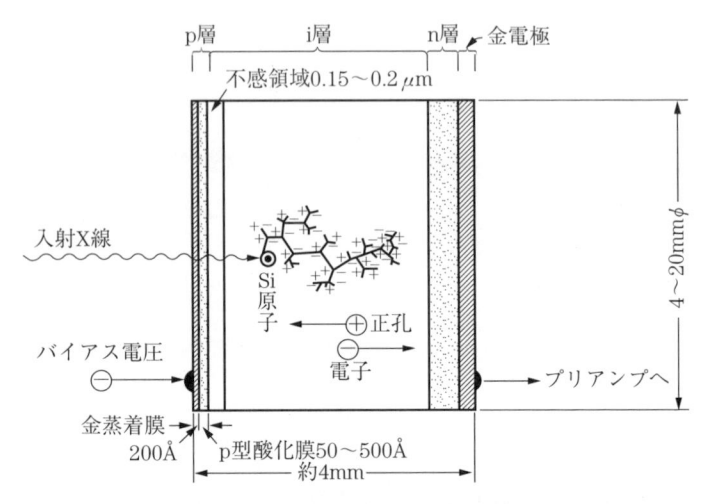

図 2.1.3 Si（Li）素子の構造および動作原理

念を図 2.1.3 に示す．この方式では，装置の大型化の最大要因であった分光器部を排除することにより大幅なダウンサイジングが実現されるが，エネルギー分解能が低い，バックグラウンドが高いため検出能が低いなどの短所がある．利点は装置が小型であること，使用する一次 X 線の出力が小さく照射時間も比較的短いため，貴重な資料である文化財を損傷する恐れが少ないことがあげられる．

この特性を最大限生かしたものとして，一次 X 線の照射部と蛍光 X 線の検出部を一体化した測定ヘッド部を軽量可搬型とした装置が最近開発された．この装置では，内蔵されるテレビカメラにより試料のどの部分を測定しているのかを確認でき，測定範囲も 2 mmϕ に設定できるため狭い部分の定性分析を行うことができる．さらに，この装置では，従来試料を装置のところへ運んでくる必要があったものを，装置を試料のところへ運べばよいこととなり，大

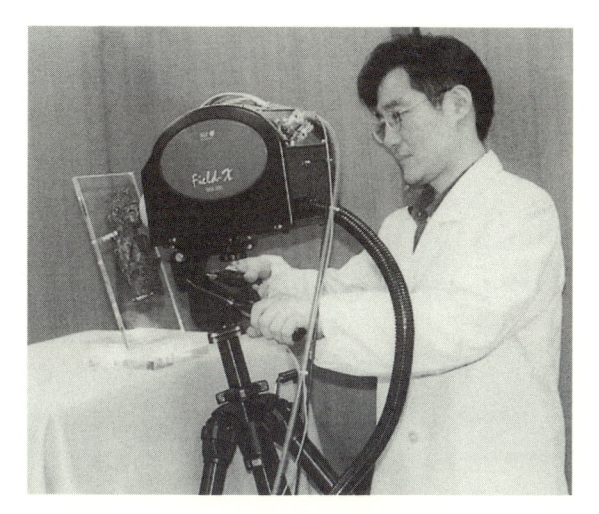

2-1 古き時代を探る(考古学と分析計) 123

図 2.1.4 可搬型蛍光 X 線分析装置

型の試料や移動できない試料の多い文化財の測定の分野では画期的なものである.図 2.1.4 には開発された装置の外観を示す.

(2) 絵画顔料の測定[2)]

絵画に使用される顔料は特に日本画ではいわゆる岩絵の具と呼ばれる無機の成分より成るものが使用されている.使用される金属類は,白色では Pb, Ca, Zn など赤色では Hg, Pb, Fe などいくつかの種類があり,顔料の種類の確定は文化財の修復のためには欠かすことのできない作業である.しかしながら,絵画から顔料を採取し分析することなどは,当然論外であるし,紙や布に描かれた絵画自体の耐久性の点から強い X 線を照射する波長分散方式の蛍光 X 線分析も利用が制限される.絵画資料は比較的大型のものも有り,移動が難しいものも有るため今回可搬型のエネルギー分散蛍光 X 線装

置による調査が行われた.

　今回ここに紹介するのは，徳川美術館所蔵の国宝源氏物語絵巻について行われた調査の概要である．調査は可搬型蛍光X線装置を持ちこんで徳川美術館内で行われた．測定ヘッド部はアルミ製の架台に下向きに設置され測定ヘッドから10 mmの距離に源氏物語絵巻を配置し，各場面ごとに測定点をモニターで確認しながら測定した．1ポイント当たりの測定時間は100秒に設定された．絵15面，詞2面を調査し約500ポイントを測定した．絵については1場面当り20〜30ポイントを測定しているが色彩の多いものは80ポイントに及ぶものもあった.

　この調査で検出された元素と色の対応を**表2.1.1**に示す．中でも白色部分の測定結果ではPbが主成分であることが多く，鉛白が多用されていることが確認された．また人の顔の部分についてはPb

表2.1.1 国宝源氏物語絵巻に見出された代表的な色と検出元素との対応

色	主成分	少量(微量)成分	考えられる顔料
1　白	Pb Ca	Hg	鉛白（＋水銀朱） 胡粉
2　銀	Pb, Ag		銀
3　濃赤	Hg, Pb	Cu, Fe	水銀朱
4　黄赤（橙）	Pb		鉛丹
5　淡紅（肌）	Pb, Hg		鉛白＋水銀朱
6　渇（薄茶）	Pb	(Cu, Fe)	鉛白＋有機染料（えんじ？）
7　黄	Pb	(Cu)	鉛白＋有機染料（藤黄？）
8　緑	Cu	Fe, Pb	緑青
9　青	Cu	Fe, Pb	群青
10　紫	Pb	(Cu)	鉛白（＋白群？）
11　黒			

2-1 古き時代を探る（考古学と分析計）

に加えて微量の Hg が検出されることが多く，鉛白に辰砂を混ぜていたものと推定された．さらに全ての部分で Pb が検出され下地に塗られている鉛白であると推定された．黄色の部分からは Pb 以外は検出されず，他の色と異なり有機系の藤黄であると考えられる．特に白色部分の調査に関しては特徴的なスペクトルが得られており，それらについての考察も合わせて紹介する．

1) Pb を主成分とする場合

これは鉛白を主成分とする白色であると推測される．人物の顔部分に関しては少量の Hg が検出され，辰砂を含んでいたと思われるが，HgLβ 線と PbLβ 線の強度比をとると一部の場面のみ Hg の強度が高くはるかに赤みが強く描かれていたと推定された（**図 2.1.5**(1)）．

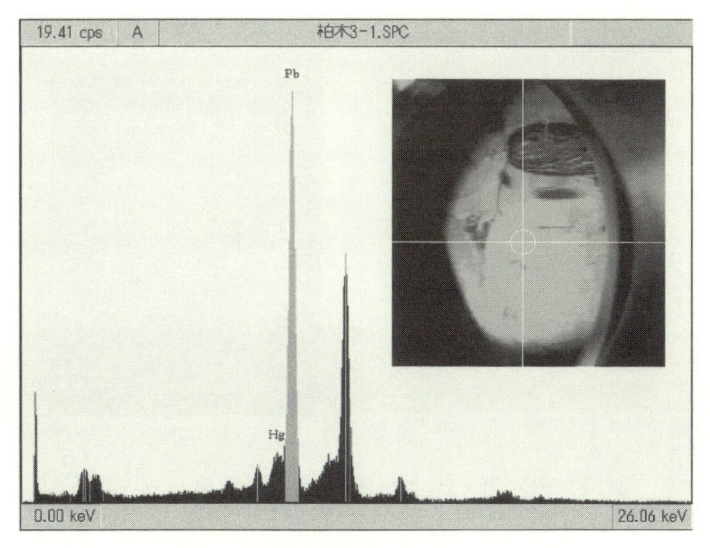

図 2.1.5(1) Pb を主成分とする白色部分の蛍光 X 線スペクトル
柏木（三）源氏の顔

2）Caを主成分とする場合

数少ないポイントであるがこのパターンが検出されている．成分より胡粉であると考えられる．製作当初より使われていたかどうかは不明であるが重要な結果である（**図 2.1.5**(2)）．

3）Hgが大量に検出される場合

数少ないポイントから1）に示したより大量のHgが検出されている．検出量はHg>PbでありHgを主成分とする白色顔料が存在した可能性も含め，興味深い結果である（**図 2.1.5**(3)）．

4）主成分元素が検出されない場合

いくつかのポイントで得られたスペクトルはバックグラウンドレベルであり，主成分が検出されていない（**図 2.1.5**(4)）．この理由

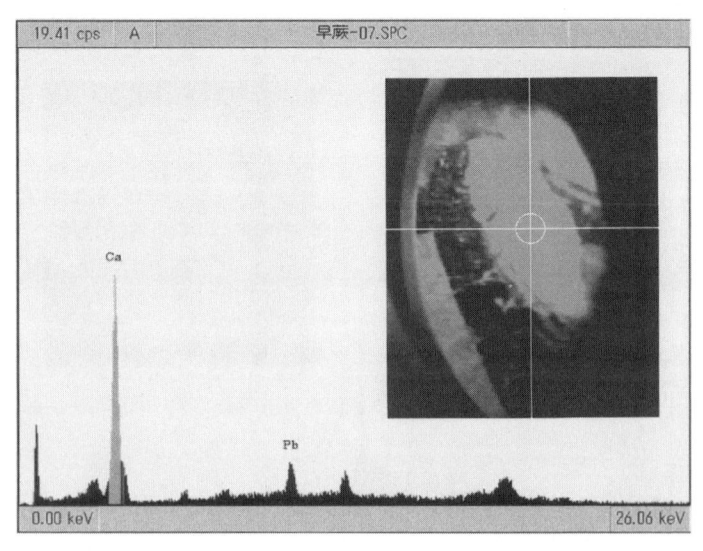

図 2.1.5(2)　Caを主成分とする白色部分の蛍光X線スペクトル
　　　　　　早蕨赤衣女房の顔

としては，この装置では Al, Si のような軽元素が検出できないため，純粋な白土が使用されていた場合，白色の有機染料が存在していた場合などが考えられる．

ここでは国宝源氏物語絵巻の調査の例を紹介したが，この他に，大型絵画の絵具分析や仏像の材質や彩色の調査などにこの装置の利用が進んでいる．

2-1-3 鉛同位体比測定による青銅製品の産地推定[3)4)]
(1) 鉛同位体比法

材料に含まれている鉛の同位体比を用いて製品の材料産地に関する情報を明らかにする方法を鉛同位体比法と称している．

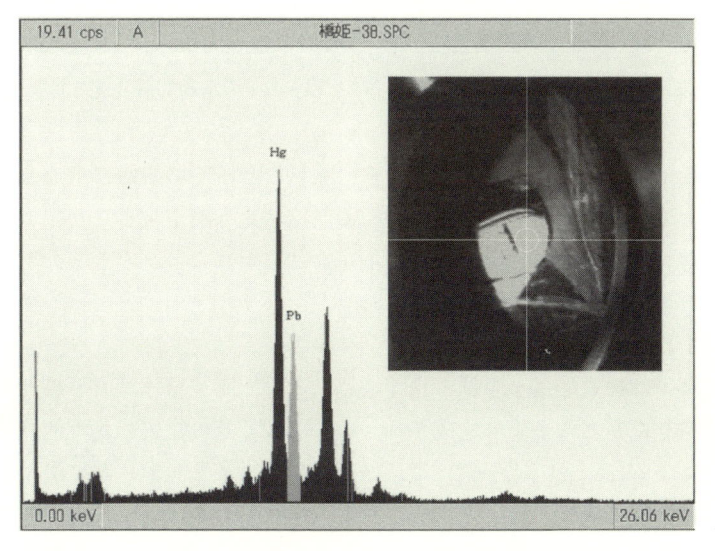

図 2.1.5(3) Hg が大量に検出される白色部分の蛍光 X 線スペクトル
橋姫大君の顔

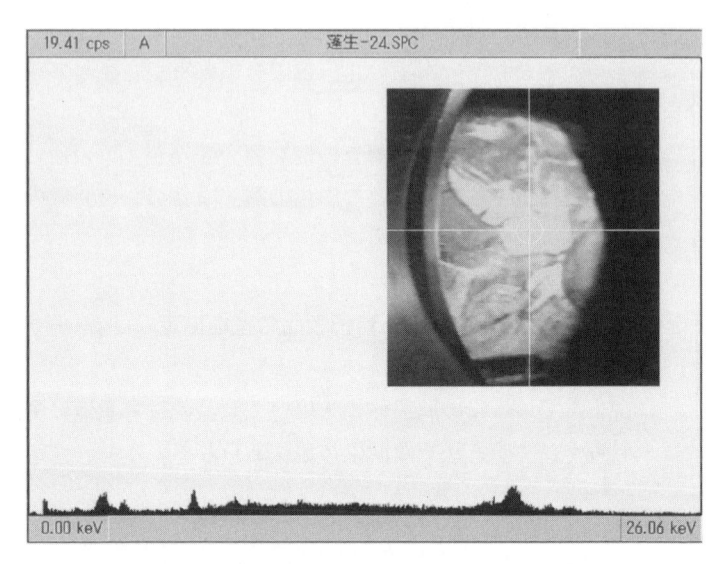

図 2.1.5(4) 主成分元素が検出されない白色部分の蛍光 X 線スペクトル
蓬生老女の顔

鉛はガラス, 釉薬, 青銅, 塗料, 顔料など多くの製品に主成分のひとつとして使用される. この鉛の同位体比を測定することによって材料間の違い, 鉛の生産地の推定などを行うことができる. 方法の原理を簡単に解説する.

1) 同位体

原子は物質の最小単位と良く言われるが, 原子自体は原子核とその回りを回る電子より構成され. 電子の数でその物質の化学的性質が決まっている. 原子核は電子と同じ数の陽子と元素ごとに決まっている数の中性子により構成される. 中性子の数は元素にたいして一種類ではなく数種類の値がある. これに対して陽子の数と電子の数は同じでその元素に固有の値である. 同じ元素で中性子の数が異

なると元素の化学的性質はほとんど同一であるが,重さが異なる.鉛の場合は82個の陽子と103個から132個当りまでの中性子の組合せが知られている.この中で安定に存在する同位体は中性子の数が122, 124, 125, 126の4種だけである.これらは鉛204 (^{204}Pb),鉛206 (^{206}Pb),鉛207 (^{207}Pb),鉛208 (^{208}Pb) と呼ばれている.

2) 鉛同位体の変化

45.6億年前地球の誕生時において全ての元素の同位体組成は決まった値を持っており地球上のどこでも同じであったと考えられている.ほとんどの元素の同位体組成は現在まで変化していないが,いくつかの元素では例外的に同位体組成が変化している.鉛はそのひとつで,同位体組成の変化は放射壊変によって引き起こされる.

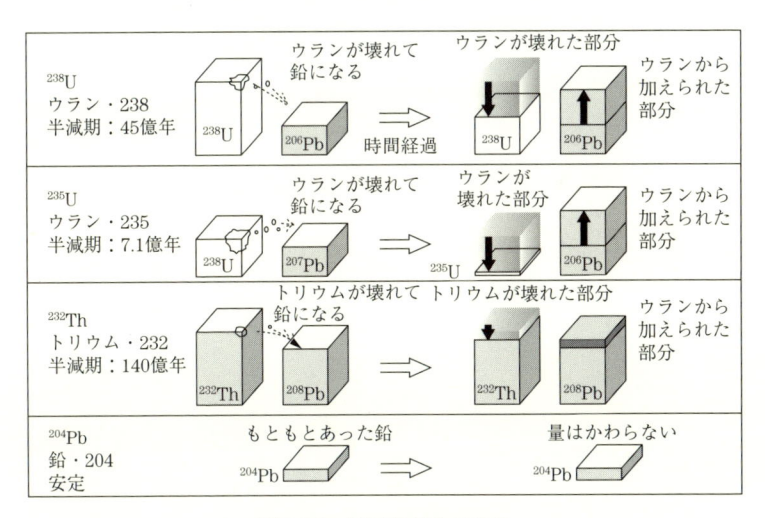

図 2.1.6 鉛同位体比の変化
鉛同位体(鉛-206,鉛-207,鉛-208)はそれぞれ,ウラン-238,ウラン-235,トリウム-232が長い半減期で壊変するに従い,増加する.ただし,鉛-204はこれを生成する核種がないので変化しない.

図 2.1.6 に示すように鉛の同位体である ^{206}Pb と ^{207}Pb はウラン (^{238}U, ^{235}U) から ^{208}Pb はトリウム (^{232}Th) から生成される.この生成の速度は原子が壊変して半分の数になる時間(半減期)が一定であるという規則があり,この半減期はそれぞれの壊変に対して ^{238}U で 45 億年,^{235}U で 7.1 億年,^{232}Th で 140 億年である.地球ができた時地球の一部として作られた岩石中には,鉛と共にウラン,トリウムが含まれており,時間の経過と共に放射壊変による Pb が増加してくる.この岩石が地殻変動等の影響を受け岩石中の鉛が抽出されると,同位体組成の変化の原因であるウラン,トリウムから切り離

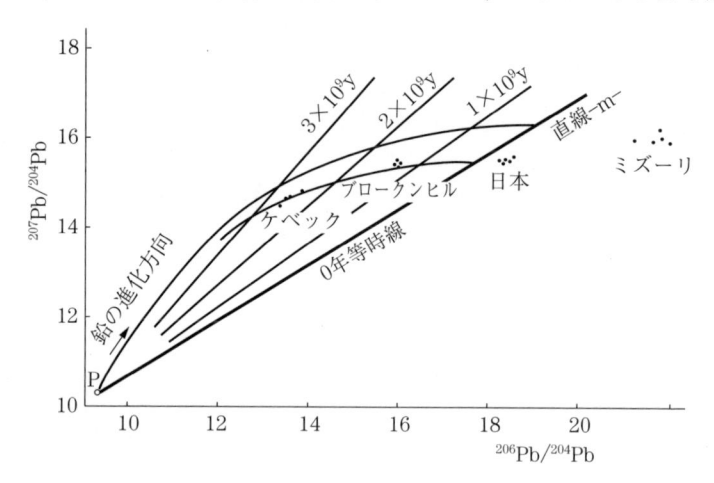

図 2.1.7 鉛同位体比の変化

地球が生まれたときに岩石があったと仮定する.この岩石中で鉛がウランと共存し,鉛-207 が鉛-204 に比して,時間の経過と共にどのように増加するかを示す.0 年等時線と書かれた直線-m-は地球が 45.6 億年経った現在,仮想岩石中の鉛同位体比がいくつになるかを示した値.岩石中に含まれるウランと鉛の比の違いにより,同位体比は異なるが,直線-m-に載る.1, 2, 3×10^9 年の線は現在から 10, 20, 30 億年前の等時線.2 本の曲線の内,上側は ^{238}U/^{204}Pb が 9.5,下側が 8.2 の鉛進化曲線.

されるためここで鉛の同位体組成は固定される.

放射壊変によって生成する鉛同位体は ^{206}Pb, ^{207}Pb, ^{208}Pb であるため,放射壊変の影響を受けない ^{204}Pb を基準として $^{207}Pb/^{204}Pb$ と $^{206}Pb/^{204}Pb$ で評価される.地球が生まれた時に存在していた鉛の同位体比は時間と共に図 **2.1.7** の曲線のように変化する.図中の2本の曲線はウランと鉛の比率の違いによっている.また,0年等時線は岩石が何の変化も受けずにウランから鉛への変化が続いた場合に現在想定される鉛同位体組成の点である.今から10, 20, 30億年前の想定の点も図中に示される.鉛鉱山ごとの組成比の違いは

1. 共存していた岩石中でのウラン／鉛,トリウム／鉛の比
2. 岩石中でこれらの元素が共存していた時間

に依存し,これらの要素の組合せは鉱山ごとに固有のものである.地下の岩石構造が地質学的に似通っている場合には似たような値を取るため地理的に近い鉱山では類似した鉛同位体組成を示す可能性が高い.

(2) 測定の方法

この測定はX線分析とは異なり破壊分析であるため,実際には資料より採取した錆の微少量(1 mg 程度)を使用する.試料を溶解し,さらにその中の鉛を電気分解法によって分離し,表面電離型質量分析計で鉛の同位体比を測定する.同位体は原子の質量が異なるだけでそれ以外の化学的性質はほとんど同一のため,分離には質量分析計が用いられる.

質量分析計は分子あるいは原子をイオン化しこのイオンを電磁場を通過させることにより,m/e(質量／電荷比)の違いによってイオンを分離し分析するもので,図 **2.1.8** には磁場型の装置の概念図

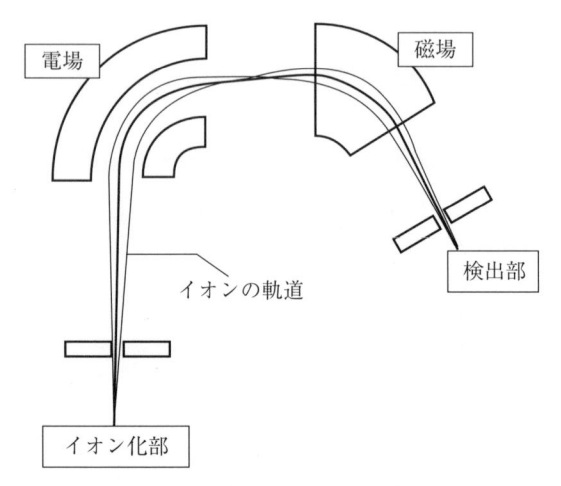

図 2.1.8 磁場型二重収束質量分析計

を示す．イオンは電磁場を通過する時に力を受けその結果円弧状の軌道を描くが，軌道の半径はイオンの速度，電荷，質量の関係によって決まり，装置に与える電磁場の強さを可変することにより電磁場を通過して検出器に到達するイオンを質量で分離できる．この方法により化学的には分離できない鉛の同位体のそれぞれを分離測定することが可能となる．それに加え，この方法では検出器は装置を通過するイオンを1つずつ検出するためきわめて高感度であり，少量の試料しか使用できない考古学分野でも有効である．

(3) 実資料の測定

1) 中国古代貨幣の例

中国の戦国時代にはいくつもの国家が分立しそれぞれ形状に特徴のある貨幣を使用していた（図 2.1.9）．これらの貨幣には鋳造場所も鋳出されており，発行国の特定は容易である．これらの資料につ

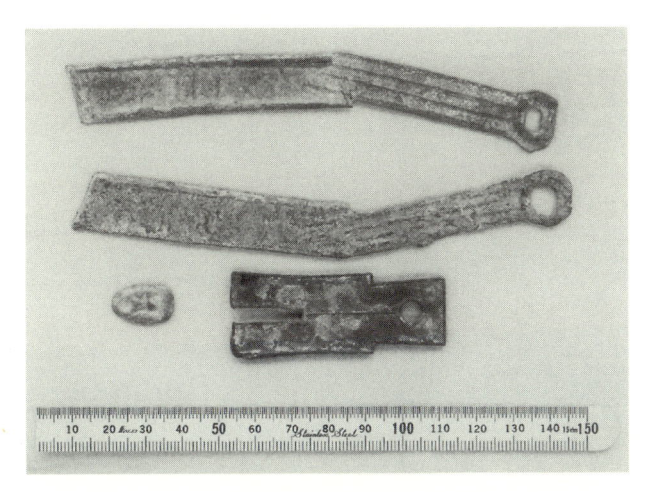

図 2.1.9　古代の貨幣

戦国時代古銭
明刀銭と蟻鼻銭．比較として新（王莽）時代の貨布を示した．上のナイフの形が明刀銭．左下が蟻鼻銭．右下が貨布．

いての同位体組成の測定結果と発行国の地図上**図 2.1.10**(1)での位置を示す．燕国，斉国で発行されたものはグラフ**図 2.1.10**(2)上のL線上に分布し，内陸部である魏国，韓国で発行されたものはグラフ上のA領域に分布している．

2）中国と日本の鏡の測定例

次に示す2つの図（**図 2.1.11**）は中国前漢時代と後漢時代の鏡中の鉛同位体と日本の弥生時代と古墳時代の鏡の鉛同位体組成を示したものである．前漢時代と弥生時代が同じ領域となり，後漢時代と古墳時代が同一の分布であることより，両者には何らかの関係があること，同位体組成で鏡を区別できることがわかった．

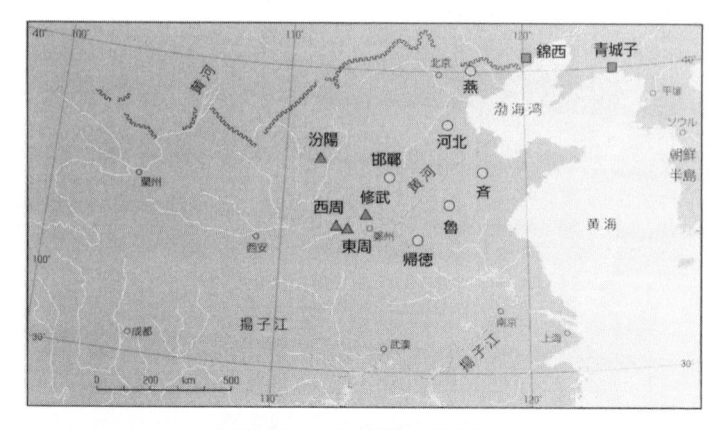

図 2.1.10(1)　貨幣の発行地

図10で示された貨幣を発行した都市(国). 図10でL領域に分布した資料を○印で示し, A領域に分布した資料を▲で示した. ○印資料は概ね渤海湾・山東半島・遼寧省近くに位置し, ▲印資料は黄河中流域に位置した. これは資料の地方性を示唆すると考えられる.

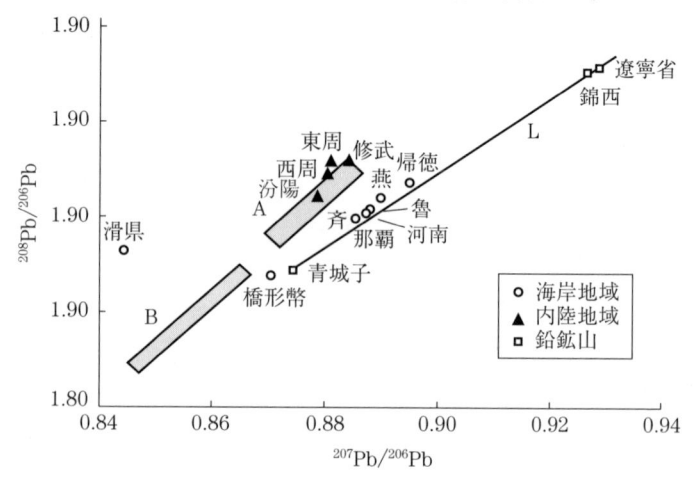

図 2.1.10(2)　戦国時代の貨幣が示す鉛同位体比分布

戦国時代の貨幣は発行国毎に特徴的であり, また鋳造都市(国)が鋳出されている場合もある. それらはA領域と, 青城子鉱山と錦西鉱山とを結ぶ線上(L領域)とに分かれて分布した.

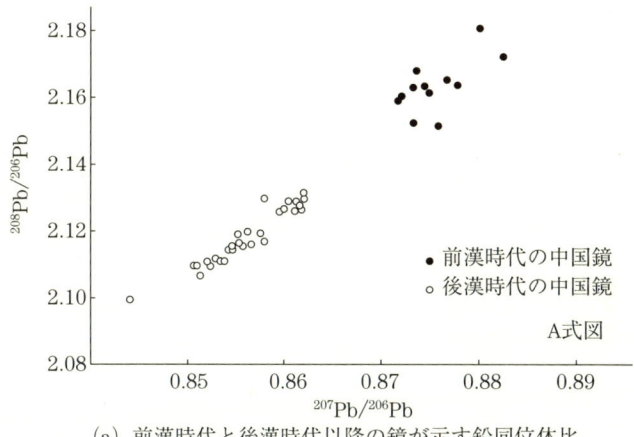

2-1 古き時代を探る（考古学と分析計） **135**

(a) 前漢時代と後漢時代以降の鏡が示す鉛同位体比

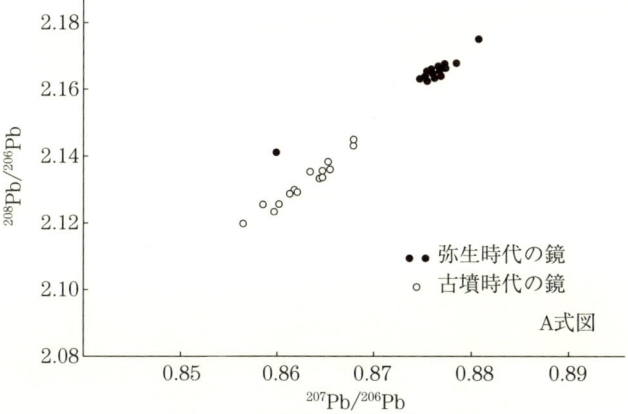

(b) 弥生時代と古墳時代の鏡が示す鉛同位体比

図 **2.1.11**

2-1-4 おわりに

保存科学の分野における分析機器の役割は年々増加しており,多数の成果もあがってきている.ここでは代表的なものとして蛍光X線と質量分析の例を紹介したが,ICP発光分光分析,赤外吸光光度法や透過X線写真などさまざまな応用が試みられており,今後の発展が期待される分野である.

最後に本稿をとりまとめるにあたりご教示をいただきました東京国立文化財研究所 平尾良光先生,早川泰弘先生に深謝いたします.

(セイコーインスツルメンツ㈱ 大橋和夫)

参考文献

1) 早川泰弘:考古学と分析,ぶんせき,2000,652
2) 早川泰弘,平尾良光,三浦定俊,四辻秀紀,徳川義崇:保存科学39 (2000)
3) 平尾良光編:古代東アジア青銅の流通,鶴山堂 (2001)
4) 平尾良光編:古代青銅の流通と鋳造,鶴山堂 (1999)

2–2 空に浮かぶ水銀計

2–2–1 上空の水銀ガス濃度を測るには

ここでは，野外調査で活躍している分析機器の一例として実際にアマゾン上空の調査で使われた水銀計について述べる．

アマゾン川流域各地でガリンペイロと呼ばれる人達が行っている砂金採取法は，金の性質を利用したいたって簡単なものだ（写真 **2.2.1**）．河川底質の場合は川底の砂をポンプで吸い上げ，また堆積層から採取する場合はホースの水圧により土を削り，流れ出た泥水を流し樋を通し選鉱する（写真 **2.2.2**）．いずれも金と他の岩屑との比重の差を利用することに変わりはない．次に選鉱された砂金に金属水銀を加え，アマルガムを形成させる（写真 **2.2.3**）．そしてこのアマルガムを取り出し鍋に入れ加熱する．すると水銀は揮散し，金だけが鍋に残る．

写真 **2.2.1** ガリンペイロ舟での金採掘

写真 2.2.2　高圧水で土を削り金を採掘している

写真 2.2.3　水銀と砂金を混ぜる

こうした工程の中で水銀はガス化し大気中に揮散してしまう．このことが水銀による環境汚染の元となっているのである[1,2]．我々の任務は「アマゾンで地表の水銀汚染のみならず，このようにして大気中に拡散した水銀ガスの濃度分布を上空200 mに至るまで測定する装置の提供」であった．

では，どのようにして上空の水銀を測ればよいのだろうか？ ヘリコプターを使うのは費用の面もさることながら大気が乱れ測定にならないのは判りきったことだし，気球でサンプルチューブを上空に持ち上げ地上のポンプで吸引し捕集を行う方法は，チューブ内の排気に時間がかかることや水銀の吸着が問題になる．気球の上げ下げに必要な時間，測定のためのサンプリング時間等を考えるとこれでは予定の期間内に作業を終えることが出来なくなる．

そこで，測定装置を気球にぶら下げて空に上げることにした．これで排気時間や水銀吸着の問題も片付くことになるが，問題はその重量にあった．

我々が上記の条件を満たすものとして選んだ耐風性能が高いと言われるカイツーン型気球は測定装置だけでなく，200 mの係留索も持ち上げなければならない．さらに最低10 kg程度の張力が欲しいところである．そこで当初この目的に採用を予定していた地下資源探査用の携帯型水銀測定装置の重量を1/2以下にし，必要とされる機能を追加した．

2-2-2 大気中の水銀測定

水銀はこれまで本書で述べられてきた金属と異なり，常温で液体である唯一の金属である．また，水銀はその化合物も含め多くの化学形態があり毒性も異なることが知られている．大気中に存在する

水銀は形態別にガス状と粒子状水銀に分けられる．実際には，大気中の水銀は通常ガス状の金属水銀で他は微量といわれているので，大気中の水銀モニタリングではガス状として存在する金属水銀を測定することが行われている[3]．

一般に大気中の水銀の捕集方法として，ポンプにより大気を硫酸酸性過マンガン酸カリウム溶液に吸収させ捕集する湿式捕集法が用いられている．得られた試料液を加熱し，含まれている水銀を2価のイオン状態にする．これに還元剤として塩化第一スズ溶液を加えて通気バブリングすると水銀は気化して原子状の水銀になる．この水銀蒸気を吸収セルに導き 253.7 nm の吸収を測定する．しかし，この方法は現場に酸性溶液を満たしたガラス容器を運ばなければならないこと，試薬のブランク管理，廃液処理を必要とするなどの問題があるため，気球を利用する測定には向かない．

そこで今回は，上述のようにガリンペイロ達が用いている方法と同じ原理である水銀をアマルガムとして捕集する乾式捕集方法を用いることにした[3]．ここで採用した捕集剤はある範囲で粒度を揃えた多孔質ケイソウ土粒に金をコーティングしたものである．これは汚水を吸い上げるとかいうことがなければ劣化を気にせず何度でも繰り返し使用できる．

2-2-3 空に浮かんだ水銀計

気球に吊り下げられ空に浮かんだ水銀計の名前は Mercury Sniffer/PM-2 と言う（**写真 2.2.4**）．PM-2 の構成を**図 2.2.1** に示した[4]．エアポンプによって吸引された大気は採取口から入り緩衝液を通して電子冷却ユニットで除湿される．この時，測定経路内に粒子状物質や湿気を通してはならない．粒子状物質が，水銀を吸着したり，

2-2 空に浮かぶ水銀計

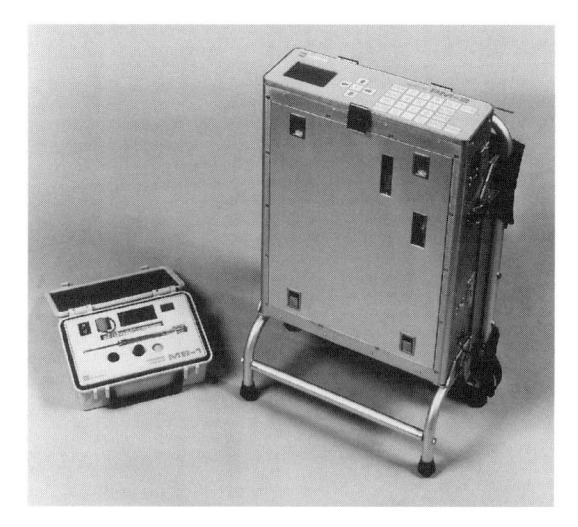

写真 2.2.4 Mercury Sniffer/PM-2（右），標準ガスボックス（左）

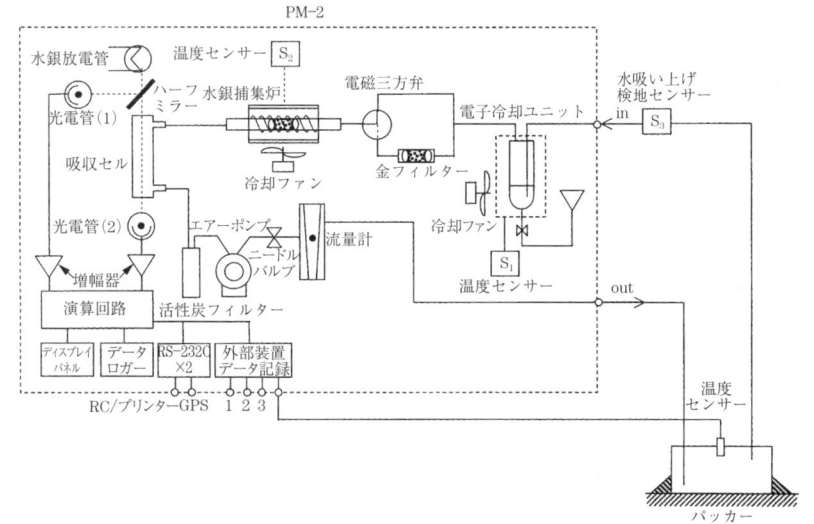

図 2.2.1 PM-2 フロー図

湿気があると結露を引き起こすためこうした処理が必要となる．次にガス状水銀は水銀捕集部で捕集される．

水銀捕集部は水銀を捕集する捕集管と捕集された水銀を離脱させる加熱炉で構成されている．捕集剤には水銀だけでなく，大気中の有機ガスも物理的に吸着される．有機ガスが吸収セルに入れば253.7 nm の水銀の共鳴線を吸収し測定値に正の干渉を与えることがある．したがって，水銀ガスと有機ガスを分離する必要がある．この問題は水銀捕集剤をあらかじめ或る温度で予熱しておけば解決できる[5]．こうすると有機ガスは通過してしまい，水銀だけが捕集剤に捕捉される．次に加熱炉の温度を一気に上げることによって水銀は捕集剤から離脱し吸収セルに導入される．そして冷原子吸光法により測定される．吸収セルを通過した水銀蒸気は活性炭フィルターに吸着させ取り除いている．水銀が除去された大気は流量計を通り放出される．ブランクガス（試料ガスから水銀を除いたガス）の測定は金フィルターを通して行う．

PM-2 の測定範囲は積分測定モードで 0～100 ng（分解能 0.1 ng），ピーク測定モードで 0～5 ng（分解能 0.001 ng）と広い．サンプリング時間は 1～60 分，サンプリング流量は 0～0.5 ℓ/分である．気中ガス測定において測定濃度の限界を考えるには装置の測定範囲，サンプル量（捕集流量×捕集時間）との関係によって決まる．したがって，高濃度の測定には感度を下げ，サンプル量を減らし，低濃度の場合には感度を上げ，サンプル量を増やすことで対応している．高感度な本装置を用いれば一般環境で 10 分，労働環境で 1 分程度のサンプリング時間で測定が可能である．

測定は 1 回の充電で 60 回（12 時間以内）可能．また内蔵のデータロガーは，448 回分の測定データ（GPS 接続時は 224 回分）を温

度，風速，位置など関連データと共に全て記録できる．大気中の水銀を評価する上で測定時の温度は重要である．それは水銀の蒸気圧は温度の上昇に伴い急速に大きくなる性質を持っているからである．

PM-2 は上空の大気だけでなく，地表に設置しソイルガス測定や，還元気化—金アマルガム法による液体中の低濃度の水銀測定が可能である．

本体,電池,背負子を合わせた寸法・重量は 335 W×190 D×560 H，9.5 kg である．この大きさであれば人が背負い山野を自由に移動できるであろう．

2-2-4 気球を空に浮かべる

気球を上げることは初めての体験であった．そこでアマゾンに出荷する前，近くの小学校の校庭を借りて気球の組立，200 m までの昇降，係留方法などのテストを行った．長さ約 11 m，85 m^3 のカイツーン型気球を上げるには 1 本 47 ℓ (150 kg/m^2—常圧で約 7 m^3) のヘリウムボンベが 14 本必要だった．上げてから測定，気球係留までの一連の作業に約 3 時間費やした．

2-2-5 アマゾンでの測定

現地に赴いた技術者から以下のような報告が入った．「試運転をするため，気温 40℃ を越える中 200 m まで気球を上げていたが，下降中，遠くでカミナリが聞こえ，残り 50 m のところでスコールに見舞われた．吹き荒れる突風で直径 40 mm の軍隊用テントの支柱が曲がる等，どしゃ降りの中必死の係留作業を行った．気球による調査で最も気をつけなければならないのがこの天候である．以後の測定は天候の穏やかな午前中に行わなければならなかった．」

表 2.2.1 Itaituba 市上空の水銀濃度（1996 年）

位置 GPS：緯度 04°17′00″ S，経度 56°00′03″ W

1回目 (8/13)	高さ (m)	0	30	60	90	120	150	180	210	240
	水銀濃度 (ng/m³)	5.50	6.25	2.50	—	6.00	—	10.3	1.50	—
	風向き (°)	90〜120								
	風速 (m/s)	1.7	5.5	5.3	—	3.0	—	5.0	4.4	—
	気温 (℃)	32.3	29.5	29.7	—	29.6	—	28.9	28.7	—
2回目 (8/23)	高さ (m)	0	30	60	90	120	150	180	210	240
	水銀濃度 (ng/m³)	5.00	3.75	3.25	9.50	4.75	3.00	2.75	2.50	13.8
	風向き (°)	70	90	90	70	50	40	50	50	50
	風速 (m/s)	0.4	0.7	1.2	0.7	1.1	0.7	1.0	0.5	1.8
	気温 (℃)	31.9	31.1	31.4	31.1	30.8	30.8	30.6	30.3	30.4

人口 10 数万人のガリンポ鉱業の中心地である Itaituba 市上空の水銀濃度の測定結果を**表 2.2.1** に示す[6]．調査地点は，金購買所が密集する市街地の中心から西方約 1.5 km の風下に位置する．水銀の垂直分布は上空 0〜240 m の範囲で 14 ng/m³ が検出されたが，ほぼ 2〜6 ng/m³ であった（**写真 2.2.5, 6**）．日本国内の水銀汚染のない地域では 5 ng/m³ 以下である[3]．

Itaituba 市街地のソイルガスの水銀濃度を測定した．サンプリングには図 2.2.1 に示したポリエチレン製のパッカーを使った．まずコテで地面を軽く平らに整地し，次にパッカーを伏せ，周りを盛り土する．パッカーの中央には温度計，外側には INLET と OUTLET のチューブを接続する．OUTLET はエアーがパッカーへ戻るようになっている（**写真 2.2.7**）．測定地点では傍で大きなトカゲが牛の頭部を齧っているのが見られた等ということもあったが，測定は無事進められた．測定結果を**表 2.2.2** に示す[6]．水銀濃度は金購買所密集

写真 2.2.5 気球組立

写真 2.2.6 空に浮んだ水銀計

地区で高く,そこらから離れると減少している傾向が見られた(**写真 2.2.8**).また金のネックレスなどの宝飾品加工所周辺で高い値が検出された.なお,地表における大気中の水銀濃度は $2\sim3\,\mathrm{ng/m^3}$ であった.

　市街地にある金購買所内の空気中水銀濃度の測定結果を**表 2.2.3**

写真 2.2.7 アマゾンハイウエイにて測定

表 2.2.2 Itaituba 市街地のソイルガス水銀濃度

(ng/m^3)

金購買所密集地	20〜330
1 km 離れた地点	20
3〜5 km 離れた地点	10
宝飾品加工所周辺	100〜150

写真 2.2.8 金購買所で金の精製を行っている

表 2.2.3 金購買所内の空気中水銀濃度

室内 (近代的設備の金購買所水銀回収装置)	$4\sim6\,\mu\mathrm{g/m^3}$
室内 (設備不完全)	$200\sim6450\,\mu\mathrm{g/m^3}$

に示す[6]. 近代的設備で水銀回収装置を持つ金購買所室内の水銀濃度は WHO の規制値 $15\,\mu\mathrm{g/m^3}$ 以下である. しかし, 設備不完全の店では水銀濃度が著しく高かった.

2-2-6 おわりに

アクセスが極めて困難なアマゾン流域で遠隔操作の出来る携帯型装置が上空の大気の水銀測定に威力を発揮した. 今後, 水銀のモニタリングを必要とする地域ではこうした装置が大いに活躍するだろう.

(日本インスツルメンツ㈱ 田口 正)

参考文献

1) 赤木洋勝:Biomed Res Trace Elements 6 (1995) 1
2) 原田正純・中西準子・小沼晋・赤木洋勝:公衆衛生 59 (1995) 307
3) 田口正:有害大気汚染物質測定の実際 (第2版):有害大気測定の実際編集委員会編, ㈶日本環境衛生センター (2000) 381
4) 日本インスツルメンツ㈱:The Rigaku Journal 15 (1998) 1
5) 谷田幸次・星野宗弘:分析化学 32 (1983) 1
6) S. Maruyama:The Rigaku Journal 15 (1998) 1

2-3 科学捜査に活躍する分析計

　科学捜査に必要な鑑識技術の分野は法生物，法薬毒物，法化学，法工学，法心理，法文書および現場鑑識に分かれている．いずれの分野も分析結果は数値の信頼性と，検出された物が比較対象の標本との一致性（異同識別と呼ばれ）が重視される．そのために鑑識方法として新しい分離分析法，高感度検出法および検出装置が考案されている．科学捜査で必要とされる分析方法は髪の毛やほこり程度の微量試料を高感度で測定，しかもその試料を他の分析方法でも分析しなければならないこともあり，試料は破壊せずそのままでの分析（非破壊分析）が望まれている．

　最近は遺伝子等の鑑定が多いといわれているが，今回ここでは主に有機系および無機系の微小微量分析に関する最近のトピックスについて紹介する．

2-3-1　FTIR (Fourier Transform-Infrared)
赤外吸収分光光度計で有機物資の同定[1]

　赤外分光法はまず既知物質のスペクトルを測定し，次に未知物質のスペクトルを計りその類似性から物質の同定を行う．最近はコンピュータで既知物質のスペクトルをデータベースとしてメモリー内に蓄えスペクトルライブラリーを作成し，そのライブラリーの中から類似の物質を検索する方法が一般的になっている．したがって，スペクトル解析のための特別なノウハウは必ずしも必要でなくなってきた．最近は小型のスーツケースサイズでパソコン別で重量は約13 kg であるポータブルな IR システムも開発されている．

(1) 判子材質の異同識別への実施例

1) ATR 測定による 4 個の判子材質の定性

図 2.3.1 に 4 つの判子の ATR 測定によるスペクトルを示す．それぞれデータベースの検索結果は酢酸セルロース，セルロース，ポリアミド樹脂およびスチレン―アクリロニトリル樹脂のスペクトルと一致した．

2) ATR 測定による象牙のスペクトル確認

図 2.3.2①は，象牙の ATR 測定スペクトルを検索しても既存データベースとよい一致性が得られなかった．象牙のスペクトルで 1020 cm^{-1} 付近のピークはリン酸カルシウムと見られ，そのスペクトルを図 2.3.2②に示す．象牙のスペクトルからリン酸カルシウムのスペクトルを差し引くと図 2.3.2③となりは Animal Glue 動物性膠と

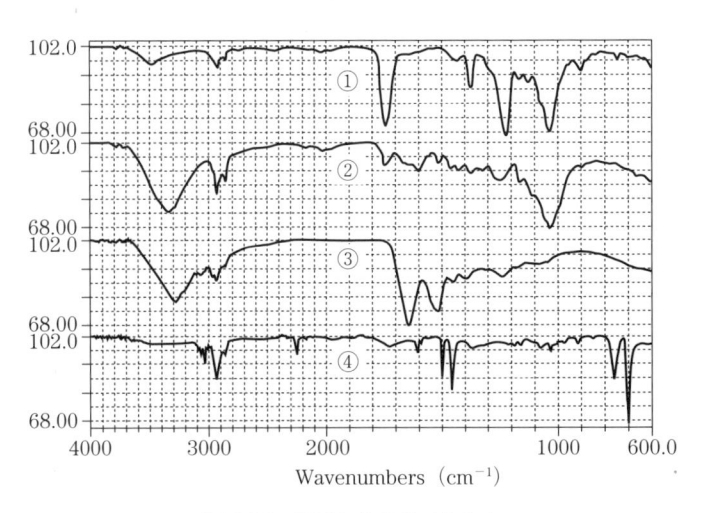

図 2.3.1　判子とそのスペクトル
①酢酸セルロース，②セルロース，③ポリアミド樹脂，
④スチレン―アクリロニトリル樹脂

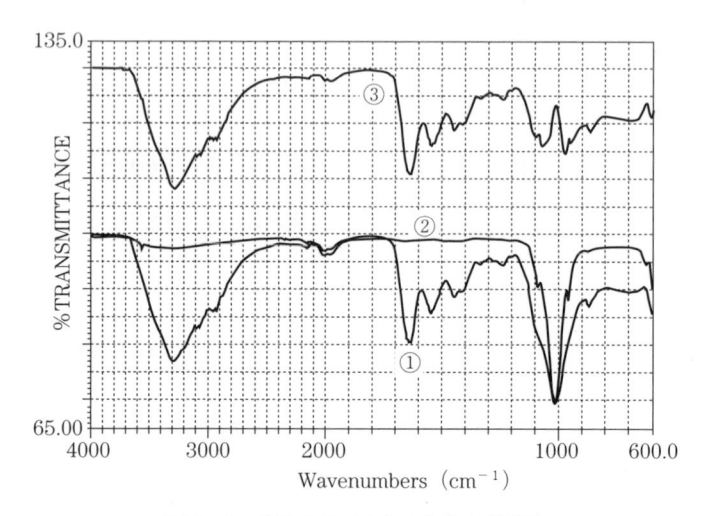

図 2.3.2 象牙のスペクトルとその処理法
①判子のスペクトル,②リン酸カルシウムのスペクトル,
③判子のスペクトルからリン酸カルシウムのスペクトルを引いた
スペクトル（差スペクトル）：Animal Glue

よく一致した.

(2) 顕微 FTIR による微小物の各種の新しい測定方法[2)3)]

事故現場に残留した微小物を顕微 FTIR で直接同定するには前述の方法で可能である．しかし，液体中に微小異物がごく小量浮遊している異物や，微量の固体混合成分や混合液体は主成分から分離する必要がある．次に最近開発された2つの方法を紹介する．

1) 液体浮遊粒子金属フィルターサンプリング法

薬液中微粒子の検査法のうち有機系微粒子は顕微 FTIR が有効であるが，粒子径が $10〜50\mu m$ でその個数が少数の分析は非常に困難である．薬液中の多量の異物は通常セルロース系またはフッ素系

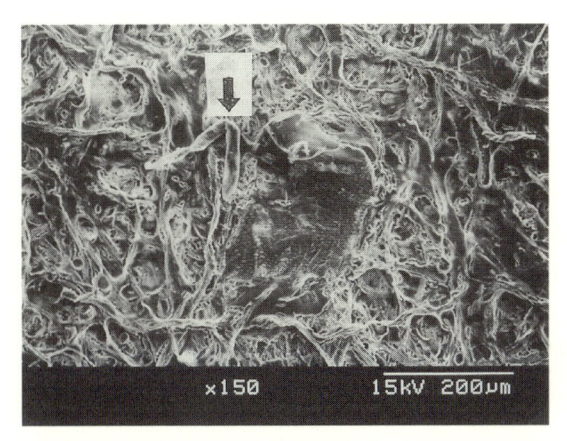

写真 2.3.1 繊維フィルター上の異物
　⬇印はセルロースフィルターで補集された異物

のフィルターでろ過し,実体顕微鏡を用い異物を目視で確認しながら,摘出し反射法又は透過法で測定している.しかし,これらのフィルターの表面は**写真 2.3.1** に示すように,繊維による不規則な凹凸状況で数少ない異物の場合は発見が困難である.たとえ異物をフィルター上で発見してもこれらの材質は赤外線領域での反射率が著しく低い為,反射率の高い金属板又は赤外透過窓板の上に摘出し反射法又は透過法で測定する.しかしながら摘出そのものが困難なことが多い.これらのフィルターに代わり金属フィルターを使用すると**写真 2.3.2** に示すように,金属フィルターは表面の凹凸が小さく,かつ形状が整っているため容易に異物の存在位置の判断が可能であるため,異物を採取した金属フィルターをそのまま顕微 FTIR の観察ステージに設置し,測定すると薬液中の数少ない微小異物も迅速な分析が可能となった.

・**脱水補給液中の異物検出実施例**

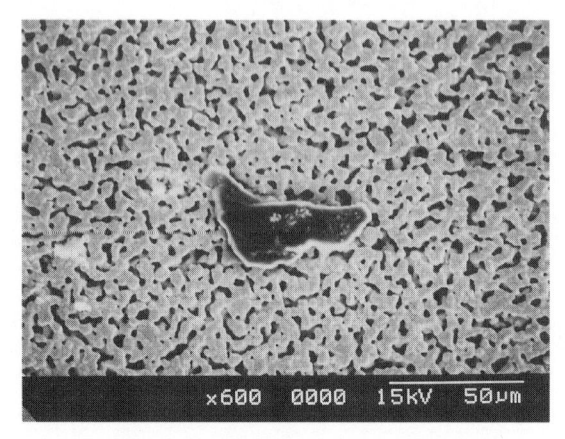

写真 2.3.2 金属フィルター上の異物

脱水補給液 500 ml を 20 φ の金属フィルターの約 6 mmφ の部分に集中的に滴下ろ過し,そのフィルターを顕微 FTIR のステージに設置したところ 20〜40 μm の異物 6 個が確認された.反射法で測定したところ 4 個の無機系物質と 2 個のアミド系物質であることが確認できた[4].

2) ピンポイント濃縮法[5]

分析対象の試料が混合物のとき赤外吸収は複雑なスペクトルとなる.物質の同定にはクロマトで分離後 FTIR で確認すると確実な同定が可能となる.しかし,FTIR で溶媒中の微量成分を測定するには溶媒自体の赤外吸収が大きくかつ広い領域で現れるため,予め溶媒を除去することが必要である.微量の溶媒中の微量成分を取り除くため金属板の上で蒸発乾固を行うと,1 μℓ の水でも滴下すると**写真 2.3.3** に示すように 2〜3 mm に広がりその後に蒸発する.そのため含まれる溶質も広がった状態で乾燥乾固される.吸収感度は試料の厚さに比例するのでこのような状態では十分な検出感度が得ら

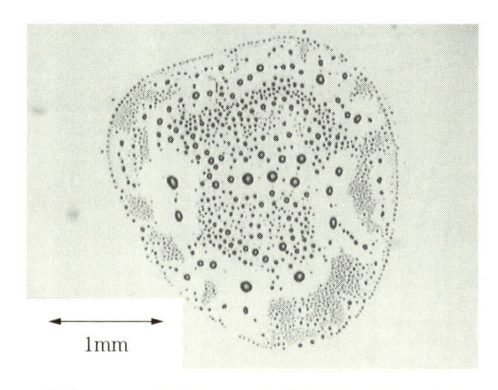

写真 2.3.3 金属上での溶媒中のトリトン残差

れない．そこで金属板に代わりフッ素樹脂の上に溶媒を滴下し蒸発乾固させると滴下直後は 2～3 mm に広がる，しかし，フッ素樹脂と溶液の接触角が小さく溶媒の蒸発に伴いその直径が小さくなり**写真 2.3.4** に示すように最後にピンポイント状に濃縮される．この濃縮残差を顕微 FTIR で測定すると液体中の微量成分の同定が可能とな

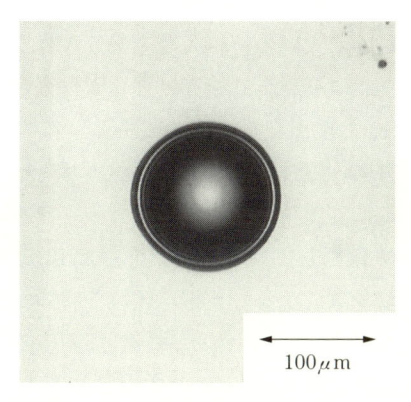

写真 2.3.4 フッ素樹脂上の溶媒中のトリトン残差

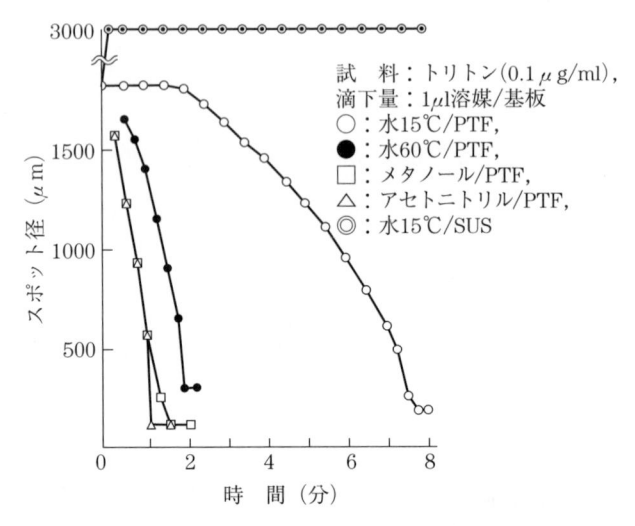

図2.3.3 ピンポイント濃縮における滴下液径の経時変化

試料：トリトン(0.1μg/ml)，
滴下量：1μl溶媒/基板
○：水15℃/PTF,
●：水60℃/PTF,
□：メタノール/PTF,
△：アセトニトリル/PTF,
◎：水15℃/SUS

る．図2.3.3に滴下液径と経過時間を示す．PTFはフッ素樹脂，SUSはステンレススチール板上での滴下液径と各種溶媒の違いを示す．

・乱用依存性禁制薬物の検出実施例

　国際化時代に対応し大麻の密輸入が増大し大きな社会問題となっている．大麻の確認は形態学的検査と理化学検査がある．後者は幻覚成分であるTHCの検出を行うものである．このテトラヒドロカンナビノール（THC）の日常分析方法はヘキサン等で溶媒抽出の後，フロリジルカラムにより精製し薄層クロマトグラフィー（TLC）やGCやGC/MS等で確認している．TLC分離でIR確認は濃縮操作が必要で検査試料が多数になると非常に煩雑で時間がかかるものである．THCを抽出分離後ピンポイント濃縮／FTIRでの測定は高感度分析法として有効である．100 mgの大麻葉片をヘキサンで超音波振り混ぜ抽出，遠心分離した上澄み液をフロリジルカラムで精製す

る．この精製したサンプルはさらに分取 TLC で分離する．THC の分画の溶出にはベンゼンを用い，ベンゼン除去後クロロホルムで溶解し THC クロロフォルム溶液とし，この溶液 $5\mu\ell$ をピンポイント濃縮サンプルプレートに滴下する．$1.8\mu g/m\ell$ の濃度を含む THC の溶液は滴下後約 50 秒で直径約 $6\mu m$ の大きさのピンポイント状に濃縮される．この試料を端面研磨した延伸治具で約 $15\mu m$ に圧延したのち，顕微 FTIR を用い反射法でスペクトル測定する．この方法では 1.8 ng の THC が確認でき GC/MS と感度と同等である[6]．

リゼルギン酸ジエチルアミド (LSD) の乱用事例の急増も危惧されている．LSD を含浸させた紙片を分離後ピンポイント濃縮で測定すると 2 ng 以上の LSD の赤外スペクトル測定が可能である[7]．

2-3-2 蛍光 X 線と電子励起 X 線元素分析装置

この分析方法は試料をそのまま大気の下で測定が可能で，その構成元素の測定し，その構成元素が特定の物質との比較で異同識別が出来る事が特長である．

(1) 蛍光 X 線での微小物の元素測定

1) タイヤのゴム片の鑑定実例

既知の各種タイヤの小片を X 線分析顕微鏡で測定しそのデータをディスク保存する．未知のサンプルを測定する．次にディスクに保存されたスペクトルデータとカイ 2 乗検定を行い類似度の高い順番にスペクトルファイル名を一覧表として表示する．実際には道路に痕跡として残ったタイヤの跡はゴムがアスファルト上に伸展した薄膜状態となりサンプリングされた試料にアスファルト成分からの影響に注意が必要．その他金属極微小片も同様に鋼種判別に応用で

きることは当然である．

2）パスポートの変造確認実施例

成田国際空港と関西国際空港に備えられ不審なパスポートを標準のパスポートの微妙な寸法形状の違いなどで変造の有無を確認しているが詳細について述べることは出来ない．

3）その他

最近の事件で As に含まれている元素の比率を測定する SPring-8（大型放射光施設）は非常に強い強度でしかもエネルギー幅の狭いX線を照射しその蛍光X線で元素分析を行う高感度分析装置である．また1本の頭髪横断面のイメージングから曝露経路について，毛根から毛先にかけての分析データから有害元素の曝露歴についての情報が期待されている[8]．

（2）電子線励起Ｘ線元素分析装置での微小部元素測定

この分析方法は試料を真空容器の中で微小な部分の構成元素の測定する装置である．最近は比較的水分の多い生体試料も測定が可能となった．

1）毛髪の表面 Si 分析実施例

毛髪の鑑定は多くなされているが整髪剤など付着物検査に用いられる．この分析法は試料を非破壊で測定可能であるが，有機系の試料は低真空のもとで電子線照射を受けると表面状態が変化することがある．形状を維持し元素分布の確認には分析条件を選択しなければならない．写真 2.3.5 に毛髪の表面状況とケイ素の分布を示す．

2）穀物の分析実施例

南米産の種子でミネラル成分が多く含まれているため健康食品として注目されているキノアの断面を元素マッピング（元素分布の位

2-3 科学捜査に活躍する分析計

①は②の条件に比べて，試料電流は半分で分析時間は倍である．

全照射電子線量は同じであるが，試料の熱損傷は試料電流を少なくして分析時間を長くした方が小さい．

分析条件
- 使用装置　；EMAX-7000
- 試料　　　；毛髪
- 加速電圧　；15kV
- 真空度　　；60Pa
- マップ画素数；256
- 分析倍率　；×700

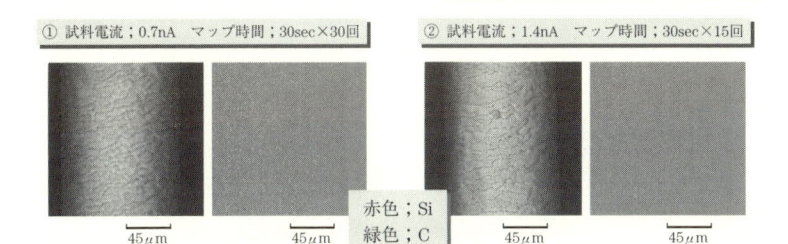

① 試料電流；0.7nA　マップ時間；30sec×30回

② 試料電流；1.4nA　マップ時間；30sec×15回

赤色；Si
緑色；C

写真 2.3.5　毛髪の表面とケイ素の分布

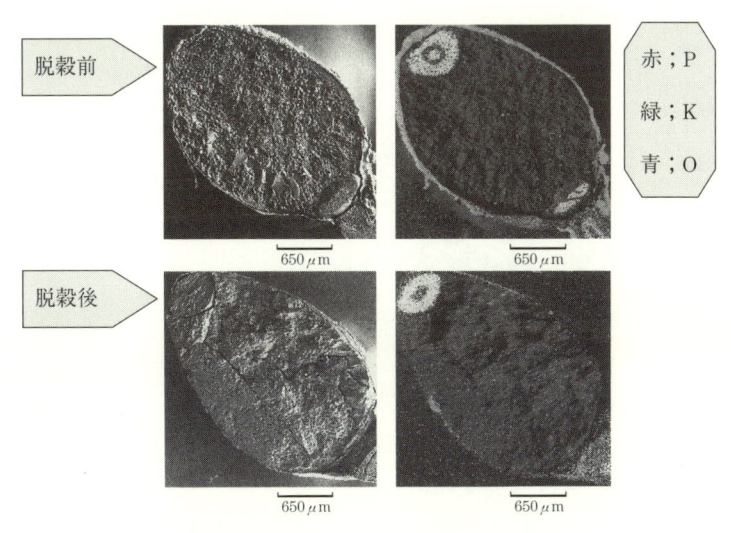

脱穀前

脱穀後

赤；P
緑；K
青；O

写真 2.3.6　穀物（キノア）断面の元素分布

置表示)を行う.特長あるミネラル成分の分布が確認できる.**写真 2.3.6** に穀物の断面での元素の分布を示したものである.

3)ハンダの定量分析実施例

ハンダは鉛とスズの合金であることは知られている.電子線励起 X 線元素分析(SEM・EDX)測定ではスズの中に鉛が均一に分散している粒子と鉛の中にスズが均一に分散している粒子の混合状態になっている.通常は測定した結果のスペクトルの強度比から濃度比を求めるが,各成分が均一に分散していると仮定し濃度演算を行うため化学分析値との違いが生じる.この様な場合には先ず得られた元素分布データにおいて成分が均一に分布している均一相毎の面積割合を求め,その元素の密度補正を行い,その後,測定領域全体の濃度平均値(重量)を求めると化学分析の結果と近似してくる.

図 2.3.4 にハンダ分析の結果を示す.

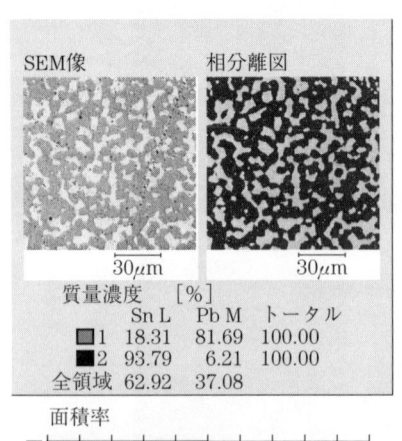

解 説

相分析の結果,鉛の多い部分と錫の多い部分に分かれた.各相の定量値および面積比率そして各元素の密度値を基にして不均一試料の平均濃度を求める.
その結果,化学分析値に近い値を示した.

質量濃度 [%]
	Sn L	Pb M	トータル
1	18.31	81.69	100.00
2	93.79	6.21	100.00
全領域	62.92	37.08	

面積率
1: 33%
2: 67%

	CA値	相分析法	スペクトル法
Sn	62.3	62.92	69.01
Pb	37.6	37.08	30.99

CA値:化学分析値
スペクトル法:SEM像全領域のスペクトルに対する定量値

図 2.3.4 不均一濃度分布試料の面全体で定量分析

4）拳銃発射残査（GSR：Gun Shot Residues）分析実施例

科学捜査研は射手を特定するため，容疑者の手や着衣の袖口に付着する GSR を導電性粘着テープで転着採取した試料を走査電子顕微鏡で2000倍程度に拡大し2次電子像で球形の粒子を探し出し，EDX でその元素分析を行う．1~3 ミクロンが全体の 96% でその半分近くが球状粒子である[9]．

（3）鑑識用照明装置

W アークランプを光源とし各種のバンドパスフィルターで特定の光だけを照射する可搬型照明装置がある．シアノアクリレート（Cyanoacrylate）を噴霧し 455 nm の光を照射し，オレンジとグリーンのバンドパスフィルタを用いて撮影すると，かくれた指紋が浮かび上がる．また石に混じった骨の破片は 455 nm 光の照射だけで靴跡，化学試薬をスプレー後に光照射で GSR の存在や形状の確認が出来る[10]．

（㈱堀場製作所　池田昌彦）

参考文献

1) 池田昌彦，内原博：チャートでみる高分子添加剤の分離・分析技術　技術情報協会出版（1999）66
2) 池田昌彦，内原博：ぶんせき，4（1995）268
3) 池田昌彦：実用分光法シリーズ赤外分光　尾崎幸洋編著　アイピーシー出版（1998）63
4) 内原博，池田昌彦：分析化学会第 42 年会講演要旨（1993）532
5) M. Ikeda, H. Uchihara : Appl. Spectrosc., 46（1992）1431
6) 宮沢正，中島邦雄，南幸男，内原博，池田昌彦：分析化学，44（1995）217
7) 宮沢正，中島邦雄，南幸男，池田昌彦：鑑識科学，2,（1997）95
8) シリーズ・光が拓く生命科学　第8巻　夢の光—放射光が拓く生命の神秘　安岡則武，木原裕　共立出版（2000）p 138
9) 杉本春文，地中啓，高山成明：鑑識科学 5（2001）105
10) SPEX Forensic 社 CRIMESCOPE SERIES カタログ

2-4 シックハウス症候群の謎を追う

2-4-1 シックハウス症候群と原因物質

本書は「よくわかるシリーズ」であるが,まだよくわかっていないのがシックハウス症候群である.シックハウス症候群の諸症状は,慢性疲労症候群やアレルギー疾患,化学物質過敏症とも重複する.一般に「シックハウス」は,目,喉や皮膚への刺激,頭痛,疲労感,眩暈等の諸症状や化学物質過敏症,アトピーを引き起こす住宅を意味する用語として使用されるが,公には定義されていない.厚生労働省シックハウス(室内空気汚染)問題に関する検討会(以下,「シックハウス検討会」と略す)では,**表 2.4.1**に示すシックハウスに関する用語の理解を公表している[1].

シックハウス症候群の原因物質としては,ホルムアルデヒドがよく知られているが,トルエン,キシレン等の揮発性有機化合物や防

表 2.4.1 シックハウス(室内空気汚染)問題に関連する用語の理解について

シックハウス/シックハウス症候群/シックビルディング症候群
住宅の高気密化や化学物質を放散する建材・内装材の使用等により,新築・改築後の住宅やビルにおいて,化学物質による室内空気汚染等により,居住者の様々な体調不良が生じている状態が,数多く報告されている.症状が多様で,症状発生の仕組みをはじめ,未解明な部分が多く,また様々な複合要因が考えられることから,シックハウス症候群と呼ばれる.
化学物質過敏症
「快適で健康的な住宅に関する検討会議」報告書(平成11年1月),厚生科学研究「化学物質過敏症に関する研究(主任研究者 石川 哲)」(平成8年度)によれば,下記のとおり.最初にある程度の量の化学物質に暴露されるか,あるいは低濃度の化学物質に長期間反復暴露されて,一旦過敏状態になると,その後極めて微量の同系統の化学物質に対しても過敏症を来す者があり,化学物質過敏症と呼ばれている.

蟻剤等に使われるクロルピリホスなどもシックハウス症候群の原因物質となることが知られている．シックハウス検討会では室内空気中化学物質の室内空気汚染に係るガイドラインとして，**表 2.4.2** に示す室内濃度指針値および暫定目標値と指針値適用の範囲を策定している[2]．シックハウス検討会を含め，シックハウス症候群とその原因の明確な解明及び対策の研究が多方面で進められ，**表 2.4.3** に示す報告書が公表されている[1~9]．対策としては，低ホルムアルデヒド放散の合板の開発や合板の国内規格整備（**表 2.4.4**）も進められている．ホルムアルデヒド濃度が低い住宅でのシックハウス症候群や築 4・5 年の家屋でホルムアルデヒドが高いといった状況も見

表 2.4.2 室内濃度指針値・暫定目標値とその適用範囲

室内濃度指針値物質（策定中を含む）	
ホルムアルデヒド	$100\,\mu g/m^3$
トルエン	$260\,\mu g/m^3$
キシレン	$870\,\mu g/m^3$
p-ジクロロベンゼン	$240\,\mu g/m^3$
エチルベンゼン	$3800\,\mu g/m^3$
スチレン	$220\,\mu g/m^3$
フタル酸ジ-n-ブチル	$220\,\mu g/m^3$
クロルピリホス	$1\,\mu g/m^3$ 小児の場合 $0.1\,\mu g/m^3$
テトラデカン	$330\,\mu g/m^3$
ノナナール	$41\,\mu g/m^3$
フタル酸ジ-2-エチルヘキシル	$120\,\mu g/m^3$
ダイアジノン	$0.29\,\mu g/m^3$
暫定目標値	
TVOC（総揮発性有機化合物）	$400\,\mu g/m^3$
適用範囲	
原則として，全ての室内空間を対象とする．	

表 2.4.3 研究プロジェクト及び研究成果の公開例

研究プロジェクトの名称と報告書の一覧	
健康住宅研究会	室内空気汚染の低減に関する調査研究 報告書（平成10年3月）
快適で健康な住宅に関する検討会議	快適で健康な住宅に関する検討会議報告書（平成10年8月）
厚生省（現 厚生労働省）	室内化学物質空気汚染の全国調査（平成11年12月）
厚生科学研究費補助金研究	住宅における生活環境の衛生問題の実態調査 報告書（平成12年3月）
シックハウス（室内空気汚染問題）に関する検討会	中間報告書（平成12年6月，12月）
室内化学物質空気汚染調査研究委員会	報告会，シンポジウムテキスト（1999年～2001年）
室内空気対策研究会	実態調査分科会 平成12年度報告書

表 2.4.4 ホルムアルデヒド放散に関する国内規格

1) 日本農林規格（JAS）
建材のうち，普通合板，構造用合板，コンクリート型枠用合板，難燃合板，防炎合板，構造用パネル，フローリング，集成材，構造用集成材，単板積層材及び構造用単板積層材についてホルムアルデヒド放散量に応じた等級を定めている．

表示の区分	ホルムアルデヒド放散量[※1]	
	平　均　値	最　大　値
F_{C0}	0.5 mg/リットル以下	0.7 mg/リットル以下
F_{C1}	1.5 mg/リットル以下	2.1 mg/リットル以下
F_{C2} (F_{C2-S}[※2])	5.0 mg/リットル以下 (3.0 mg/リットル以下[※2])	7.0 mg/リットル以下 (4.2 mg/リットル以下[※2])

※1 一定量の蒸留水を入れた20℃のデシケーター内に，一定量の試料を蒸留水に接触しない形で24時間放置し，蒸留水に吸収されたホルムアルデヒド濃度を測ったもの．
※2 集成材及び構造用集成材については（ ）内に掲げる表示の区分及び数値

2) 日本工業規格（JIS）
木質系建材のうち，MDF（Medium Density Fiberboard，中密度繊維板），パーティクルボードについて，ホルムアルデヒド放出量に応じた等級を定めている．

表示の区分	ホルムアルデヒド放散量[※]
E_0	0.5 mg/リットル以下
E_1	1.5 mg/リットル以下
E_2	5.0 mg/リットル以下

※ 一定量の蒸留水を入れた20±1℃のデシケーター内に，一定量の試料を蒸留水に接触しない形で24時間放置し，蒸留水に吸収されたホルムアルデヒド濃度を測ったもの．

つかっている.シックハウス対策の研究においては,現状の測定結果を元に研究を進め,その成果も測定結果から判定するという両面で分析が利用され,分析機器が活躍している.

*本章では,「シックハウス症候群の原因物質」は,シックハウス検討会から室内濃度指針値もしくは指針値策定が検討されている物質を示す用語として使用する.

2-4-2 室内空気中化学物質を測る

室内空気中には900種にも及ぶ化学物質が存在すると報告されている[10].このような多種の化学物質が存在する室内空気中から,シックハウス症候群の原因物質を正確に測定する必要がある.分析には厚生労働省が示した**表2.4.5**に示す標準的な測定方法が精度ある方法として利用される.この方法では,分離分析であるクロマトグラフィーを採用している.この章では,ホルムアルデヒド,VOC

表2.4.5 シックハウス検討会が示した標準的な分析方法

試 料 採 取 方 法	
新築	30分換気―5時間以上密閉―概ね30分採取
居住住宅	24時間採取
採取場所	居間(2本),寝室(2本),外気(1本),トラベルブランク 部屋の中央附近,壁から1m以上,高さ1.2〜1.5m
分 析 方 法	
ホルムアルデヒド	DNPH誘導体化固相吸着/溶媒抽出―HPLC法
揮発性有機化合物	固相吸着/溶媒抽出―GC/MS法
	固相吸着/加熱脱着―GC/MS法
	容器採取―GC/MS法
フタル酸ジ-n-ブチル	固相吸着/溶媒抽出―GC/MS法
	固相吸着/加熱脱着―GC/MS法
クロルピリホス	固相吸着/溶媒抽出―GC/MS法

(揮発性有機化合物),フタル酸エステルの分析を取り上げ,高速液体クロマトグラフ(HPLC)とガスクロマトグラフ/質量分析計(GC/MS)によるシックハウス症候群の原因物質の測定について記述する.

(1) ホルムアルデヒドを分析する

ホルムアルデヒドは住宅用途として床,壁や家具等の合板,パーティクルボード等に使用する尿素(ユリア)系,フェノール系等の合成樹脂や接着剤の原料等に用いられる.無色で刺激臭を有する常温でガス体,分子量30,水によく溶ける化学的性質を持つ.ホルムアルデヒドを精度よく測定する方法としては,DNPH誘導体化による前処理(選択的濃縮採取)を行った後,HPLCで測定する方法が広く使われている.シックハウス検討会が示した標準的な測定方法(DNPH誘導体化固相吸着/溶媒抽出—高速液体クロマトグラフ法)でも採用されている(**表 2.4.5** 参照).この測定方法を簡単に説明する.DNPH(2,4-ジニトロフェニルヒドラジン)試薬を含浸

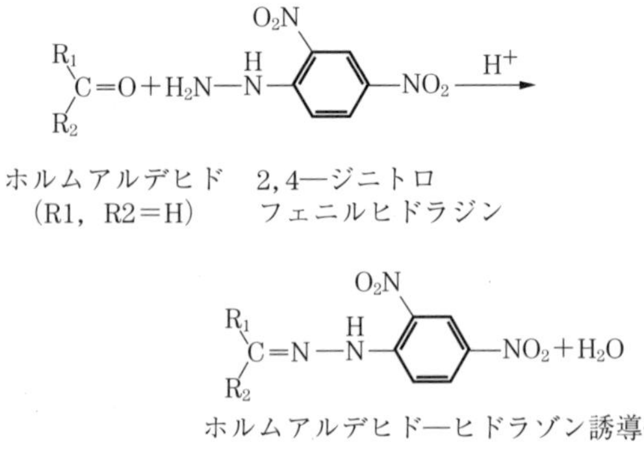

$$\underset{R_2}{\overset{R_1}{}}C=O + H_2N-\overset{H}{N}-\underset{}{} \xrightarrow{H^+}$$

ホルムアルデヒド　2,4—ジニトロ
(R1, R2=H)　　　フェニルヒドラジン

$$\underset{R_2}{\overset{R_1}{}}C=N-\overset{H}{N}-\underset{}{} + H_2O$$

ホルムアルデヒド—ヒドラゾン誘導体

図 2.4.1　ホルムアルデヒドの誘導体化

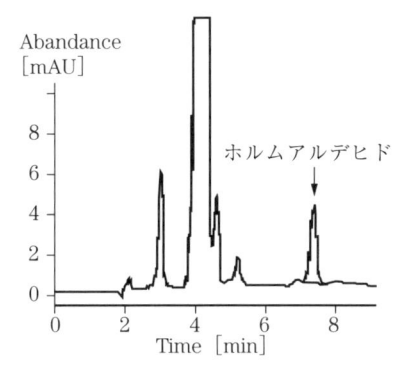

図 2.4.2　室内空気中ホルムアルデヒドの測定例

させた C18 固相を充填した捕集管に室内空気を吸引する．ホルムアルデヒドは捕集管内で，DNPH と化学反応を起こし DNPH 誘導体（ジニトロフェニルヒドラゾン誘導体）となる（図 2.4.1 参照）．このホルムアルデヒド—DNPH 誘導体を HPLC で測定する．実際の室内空気中ホルムアルデヒドの測定例を図 2.4.2 に示す．ホルムアルデヒドは，室内空気と建材で測定が行われている．

（2）アセトアルデヒド，アセトン，アクロレインを同時分析する

前項で記述したホルムアルデヒドの測定法では，アセトアルデヒド，アセトン，アクロレイン等のカルボニル化合物が同時分析できる．これらの化合物を同時分析したクロマトグラムを図 2.4.3 に示す．ホルムアルデヒド室内空気濃度の低減につれて，アセトアルデヒド室内空気濃度が高くなっているという話もでてきている．アセトアルデヒドはホルムアルデヒド代替物質として使用量が増えており，その可能性も十分考えられる．アセトアルデヒドは環境省で有害大気汚染物質としてリストアップされている物質でもあり，一部

DAD 検出波長 = 360nm

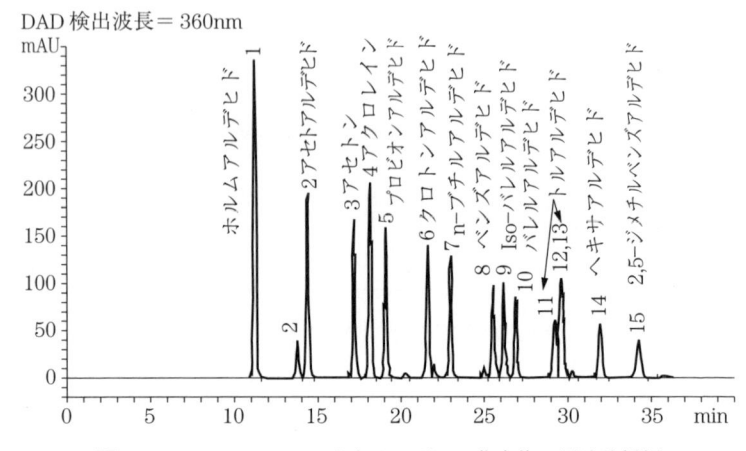

図 2.4.3 ホルムアルデヒドとカルボニル化合物の同時分析例

ピーク番号:
1 ホルムアルデヒド
2 アセトアルデヒド
3 アセトン
4 アクロレイン
5 プロピオンアルデヒド
6 クロトンアルデヒド
7 n-ブチルアルデヒド
8 ベンズアルデヒド
9 Iso-バレルアルデヒド
10 バレルアルデヒド
11 o-トルアルデヒド
12,13 m,p-トルアルデヒド
14 ヘキサアルデヒド
15 2,5-ジメチルベンズアルデヒド

の研究者からは測定の重要性が指摘されている．シックハウス症候群の原因物質であるホルムアルデヒドのクロマトグラフィー測定は，他のカルボニル化合物の室内濃度とその挙動の知見を得ることにも貢献している．

(3) 揮発性有機化合物の分析

揮発性有機化合物（以下，VOC と略す）には，トルエン，キシレン，スチレン，パラジクロロベンゼン等の有機化合物が含まれる．トルエン，キシレンは住宅用途として接着剤や塗料の溶剤及び希釈剤で使用され，共に無色でベンゼン様の芳香を持ち，それぞれ分子量が 92 と 106，常温で可燃性の液体である．スチレンはポリスチレン樹脂，合成ゴム等の高分子化合物の材料であり，無色ないし黄色を帯びた特徴的な臭気のある分子量 104，常温では油状の液体である．パラジクロロベンゼンは衣服の防虫剤やトイレの芳香剤とし

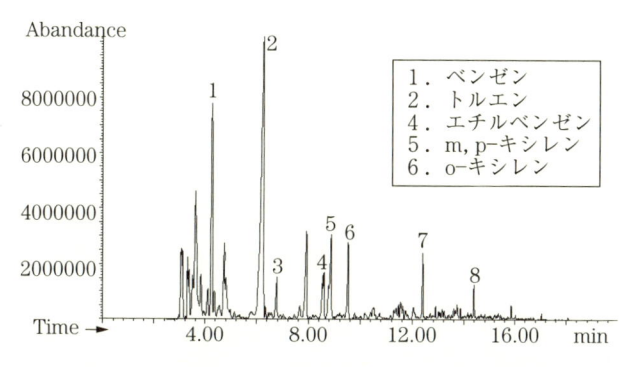

図2.4.4 室内空気中の揮発性有機化合物の測定例

1. ベンゼン
2. トルエン
4. エチルベンゼン
5. m, p-キシレン
6. o-キシレン

て使用され，無色または白色の結晶で特有の刺激臭を有する分子量147，常温で昇華する性質を持つ．これらのVOCは固相吸着—加熱脱離—ガスクロマトグラフ／質量分析（GC/MS）法で一斉測定する．捕集管に室内空気を吸引し，GC/MSに導入して測定する．実際の室内空気中VOCの測定例を図2.4.4に示す．

(4) フタル酸エステル類（フタル酸ジ-n-ブチル，フタル酸ジ-2-エチルヘキシル）の分析 —VOCとの一斉分析—

フタル酸ジ-n-ブチル，フタル酸ジ-2-エチルヘキシル（以下，DBP，DEHPと略す）は環境省から内分泌かく乱化学物質の疑いがある物質としてリストアップされている．可塑剤として壁紙，床材，各種フィルムで使用され，それぞれ分子量278で無色〜微黄色，分子量390で無色〜淡色の特徴的な臭気を持つ常温で粘ちょう性の液体である．DBP，DEHPはVOC分析法である固相吸着—加熱脱離—ガスクロマトグラフ／質量分析法を用いてVOCと一斉に分析することができる．DBP，DEHP以外にもノナナールやテトラデカン等も

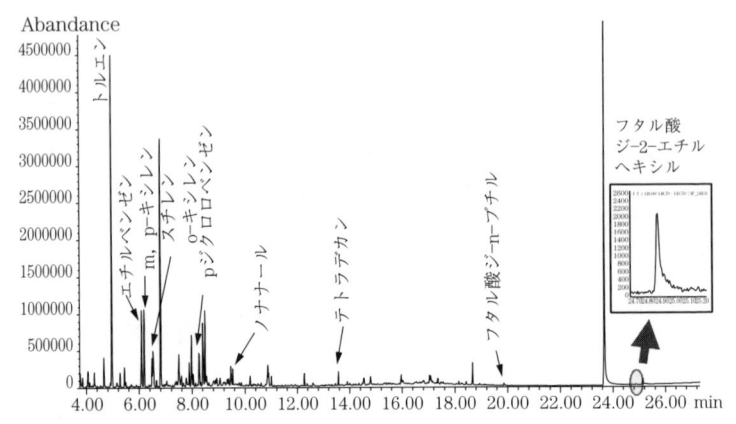

図 2.4.5 室内空気中揮発性有機化合物及びフタル酸エステル類等の一斉分析例

分析できる．実際の室内空気の測定例を**図 2.4.5** に示す．DBP, DEHP は固相吸着―溶媒抽出―ガスクロマトグラフ／質量分析法を用いることにより，防蟻剤であるクロルピリホスとの一斉分析も可能である．

(5) 分析の落とし穴を知る

この項では機器分析のよい面ばかりを紹介したが注意点についても簡単に触れよう．ホルムアルデヒド分析がアセトアルデヒドも同時に測定できることを記述した．分離分析は，分離に時間を要するという点はあるが，このように1回の分析で他の成分も測定できるという利点がある．時として室内空気から毒性の高いアクロレインが検出されることがある．アクロレインの分析を例に，分析にも落とし穴があり，注意が必要であることを記述する．厚生労働省のホルムアルデヒドの測定方法は精度の高い方法であり，他のカルボニル化合物も分析可能な優れた分析方法である．**図 2.4.3** ではアクロ

レインは良好な分離を示しており，この状態で分析する上では何の問題も発生しない．しかし，分析条件が不適切であると分離が不十分となる．時には図 **2.4.6** のようにアクロレインの溶出順が変わってしまうことがある．このような分析条件が不適切なままの状態で

図 2.4.6 アクロレインとアセトンの分離

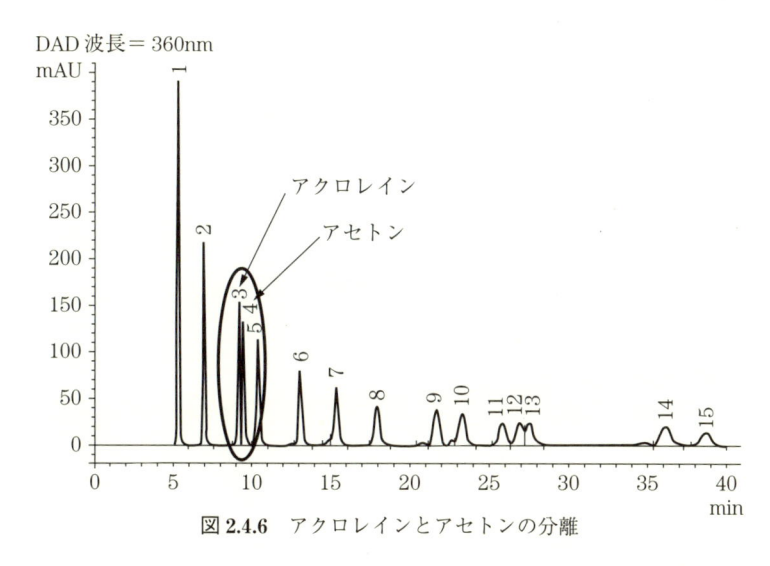

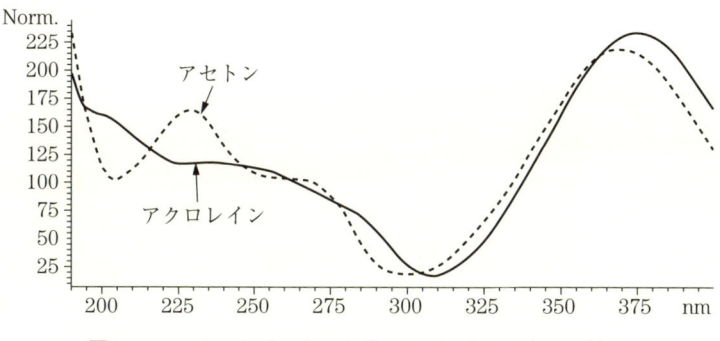

図 2.4.7 アクロレインとアセトンの UV スペクトルの違い

測定を行うと誤った測定結果を出してしまう危険がある．このような間違いは溶出ピークをUVスペクトルで物質の確認をすることにより，防ぐことができる．アクロレインとアセトンのUVスペクトルの違いを図2.4.7に示す．ここではHPLCを例に記述したが，GC/MSではMSスペクトルにより化合物が同定できる．

(6) シックハウス対策と研究における分析の役割

シックハウス（室内空気汚染）問題にかかる分析の役割として，室内濃度指針値物質の測定がある．室内濃度指針値物質は，入手可能な科学的知見に基づき，実態調査の結果や毒性等から策定されている[1)2)]．実態調査はシックハウス対策を進めるための重要な基礎データであり，分析による測定値のまとめである[4)11)13)]．平成10年度に厚生省が行った全国実施調査の結果を表2.4.6に示す．シックハウス問題の対策と研究では，健康影響被害と室内汚染物質の相関を調べ，かつ，併行して室内空気汚染低減の対策を進めている．健康影響被害とその原因物質及び濃度の相関関係を調べる疫学的研究においても，分析は重要である．測定結果は健康リスクの計算にも使われる重要な数値である．シックハウス対策建材の評価においても，放散量や最終的な室内濃度を分析から得る[14)15)]．対策の効果を判断するためにも，分析が用いられる．その測定結果より，更なる対策と研究が進められている．現在まで行われたシックハウスに関係する研究プロジェクトとその研究成果の公開例は既に表2.4.3に示してある．分析はシックハウス対策と研究において，室内濃度指針値物質の測定値の報告にとどまらない重要な役割を担っている．

分析による測定値が重要な役割を担っていることを上述した．分析にはこのような落とし穴も存在することは前述した．もし，読者

2-4 シックハウス症候群の謎を追う

表 2.4.6 平成10年度 全国の一般家屋の居住環境中における実態調査結果（厚生省）

物　質　名	室内濃度 平均値 ($\mu g/m^3$)	室内濃度 最大値 ($\mu g/m^3$)	室外濃度 平均値 ($\mu g/m^3$)	室外濃度 最大値 ($\mu g/m^3$)	個人暴露濃度 平均値 ($\mu g/m^3$)	個人暴露濃度 最大値 ($\mu g/m^3$)	I/O比	P/I比
ヘキサン	7	97.5	3.4	110.6	12.9	450.9	2.1	1.8
ヘプタン	7.8	163.2	0.9	25.8	7.6	100	8.6	1
オクタン	12.7	257.7	1.2	63.2	10.8	181.4	10.3	0.9
ノナン	20.8	346.9	2.2	62.4	17.8	293.9	9.6	0.9
デカン	21	342.7	3.5	109	19	368.8	6	0.9
ウンデカン	13	228.6	2.1	74.2	12	149.4	6.3	0.9
ドデカン	10.2	141.6	1.8	43.9	10.5	118.6	5.7	1
トリデカン	13.1	453.1	5	87.8	13.7	353.8	2.6	1
テトラデカン	18.7	1114.8	2.1	56.5	15.4	483.3	8.9	0.8
ペンタデカン	5.3	316.3	0.4	5.1	4.4	133.9	12.2	0.8
ヘキサデカン	2.3	77.5	1.3	161.7	3.1	144.4	1.8	1.4
2,4-ジメチルペンタン	0.5	13	0.3	3.6	0.6	9.2	1.6	1.3
2,2,4-トリメチルペンタン	7.1	1095.6	0.6	20.2	1.7	86.8	12	0.2
ベンゼン	7.2	433.6	3.3	45.8	6.9	167.8	2.2	1
トルエン	98.3	3389.8	21.2	444.7	110.8	2534.5	4.6	1.1
m,p-キシレン	24.3	424.8	4.3	65.9	22.9	377.4	5.6	0.9
o-キシレン	10	144.4	2.2	26.9	10.3	112.7	4.5	1
スチレン	4.9	132.6	0.2	6.7	5.5	218.8	25.1	1.1
1,2,3-トリメチルベンゼン	3.1	53.2	0.6	12.2	3.1	43.2	5.3	1
1,2,4-トリメチルベンゼン	12.8	577.2	2.4	31.8	13.3	628.9	5.4	1
1,3,5-トリメチルベンゼン	4.2	231.3	0.8	34.2	4.9	276.2	4.9	1.2
1,2,4,5-テトラメチルベンゼン	0.7	16.8	0.2	3.5	0.8	20.2	2.9	1.1
エチルベンゼン	22.5	501.9	4.9	90.1	21.2	352.4	4.6	0.9
クロロホルム	1	12.8	0.4	8.2	1.5	27.7	2.6	1.6
1,1,1-トリクロロエタン	3	65.1	0.5	8.8	3.2	122.9	6.2	1.1
四塩化炭素	1.5	18.5	1	14.3	1.3	15	1.5	0.9
トリクロロエチレン	2.4	104.7	1.1	14.4	1.8	28	2.1	0.8
テトラクロロエチレン	1.9	43.4	0.7	10.8	1.8	52.5	2.9	1
1,2-ジクロロエタン	0.5	11.5	0.5	17.1	0.8	75	0.9	1.8
1,2-ジクロロプロパン	0.5	19.9	0.3	4.7	0.8	17.1	1.6	1.2
クロロジブロモメタン	2	313	0.2	0.2	0.2	2.1	10	1
p-ジクロロベンゼン	123.3	2246.9	4.9	129.3	170.7	2782.7	25.1	1.4
酢酸エチル	11.9	288	2.8	44	13.3	233.8	4.3	1.1
酢酸ブチル	11.7	340.9	1.4	22.7	10.8	218	8.6	0.9
ノナナール	15.8	421.2	1.4	32.9	18	248.9	11.3	1.1
デカナール	9.7	169	2.7	106.1	9.2	130.3	3.6	1
メチルエチルケトン	5.8	101	1.6	30.3	5.4	64.2	3.7	0.9
メチルイソブチルケトン	4.8	179.1	1	20.5	4.5	74.5	4.8	0.9
ブタノール	6.8	174.5	0.9	42.4	8.4	168.5	7.8	1.2
α-ピネン	77.6	2231.8	5.7	575.2	92.5	2239.6	13.6	1.2
リモネン	42.1	554.8	1.1	23.4	40.2	542.1	39.3	1

I/O比：室内平均濃度／室外平均濃度比
　　　この数値が大きい場合は，室内に主な発生源があるものと推測できる．
P/I比：個人暴露平均濃度／室内平均濃度比
　　　この数値が1を大幅に上回る場合には，室内以外での暴露の程度が大きいことが推測できる．

が分析技術者を目指す方であれば，分析に際して常に測定結果の重要性を認識し，適切な分析方法を選択して正確な測定を行うという目的意識をもっていただければ幸いである．

（7）測定結果の信頼性

測定結果は試料の採取，保存，前処理および測定，データ処理等の工程の結果であり，図 2.4.8 で示せる．分析は建築物に例えることができる．設計（分析法デザイン）をはじめとして，土台（サンプリング工程）も構造（分析工程）も重要であり，この部分で手抜きを行うと最終的な測定結果（建築物）の信頼性（建築物の性能）が失われる．分析では測定結果の信頼性を担保するために精度管理を行う．分析の精度管理は「住宅の品質確保に関する法律」の「住宅性能表示制度」[16]のようなものと考えてもらえばわかりやすい．分析の精度管理は測定機器の維持管理・運用，試料の採取，保存，前処理，分析，データ処理，試薬管理等，測定にかかる全ての段階において正しい処理，操作等が行われたことを裏付ける手順の運用と記録を行うものである．分析工程での精度管理の3要素は，測定

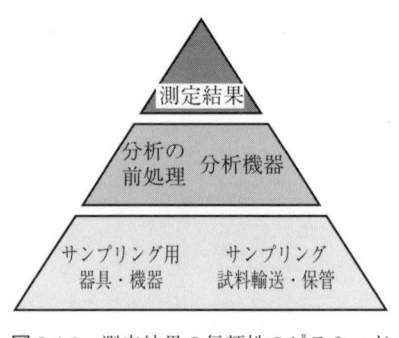

図 2.4.8 測定結果の信頼性のピラミッド

機器の校正,標準操作手順書(SOP),測定技術者の教育である.

2-4-3 シックハウス症候群の謎に迫る
(1) シックハウス症候群の原因物質の発生源を追う

以前は室内空気汚染の発生源として,ホルムアルデヒドは合板の接着剤,トルエンは塗装用の溶剤と言われてきた.合板や塗布状態での放散するシックハウスの原因物質の測定が行われ,建材メーカーはシックハウス対策となる低ホルムアルデヒド合板や水溶性塗料が開発,市販されている.建築メーカーは市販品でも放散量に違いがあることが確認し,より低い放散量の建材を使うようになっている.防蟻剤であるクロルピリホスは業界で住宅用への自主使用禁止の取り決めが決定している.建材の測定方法も開発が進んでいる[15].実際の住宅施工終了後に床,壁,天井の各面に試料採取器具を取り付け,発生源を調べる方法も開発が進んでいる.

(2) 未知のシックハウス症候群の原因物質を探す

国土交通省は「住宅の品質確保に関する法律」の「住宅性能表示制度」(**表 2.4.7**)により,シックハウス対策の進んだ住宅供給を推進している[16].厚生労働省はWHO(世界保健機構)の健全な室内空気を吸う権利の宣言[17]を受け,WHO室内空気質ガイドライン[18]に示されている物質(**表 2.4.8**)について日本でも室内濃度指針値を策定する方向で取り組みを進めている.確かにこれらの取り組みによって,シックハウスの危険は減少している.しかし,これらの取り組みは現在知見が得られている範疇での対策である.この項のはじめに書いたように,室内空気中には900種に及ぶと言われる化学物質が存在する.GC/MSを使用して,室内空気中の化合物を微

表 2.4.7 住宅の品質確保の促進等に関する法律の目的と「住宅の品質確保の促進等に関する法律」における表示内容

	目　　的
1	住宅の品質確保の促進を図ること
2	住宅購入者などの利益の保護を図ること
3	住宅に係る紛争の迅速かつ適正な解決を図ること
	住宅性能表示制度で表示すべき項目
1	構造の安定
2	火災時の安全
3	構造躯体の劣化の軽減
4	維持管理への配慮
5	温熱環境
6	空気環境（特定物質）
7	光・視環境
8	音環境
9	高齢者への配慮

表 2.4.8 WHO 空気質ガイドライン（1999）に掲載されている有機化合物（抜粋）

ホルムアルデヒド	トルエン
アセトアルデヒド	キシレン類
アセトン	エチルベンゼン
アクロレイン	スチレン
1-プロパノール	クロロベンゼン
2-プロパノール	p-ジクロロベンゼン
2-メトキシエタノール	1,3,5-トリクロロベンゼン
2-エトキシエタノール	1,2,4-トリクロロベンゼン
2-ブトキシエタノール	フタル酸ジ-n-ブチル
2-エトキシエチルアセテート	ジクロロメタン
メチルメタクリレート	クロロホルム
アクリル酸	四塩化炭素
クレゾール	テトラクロロエチレン

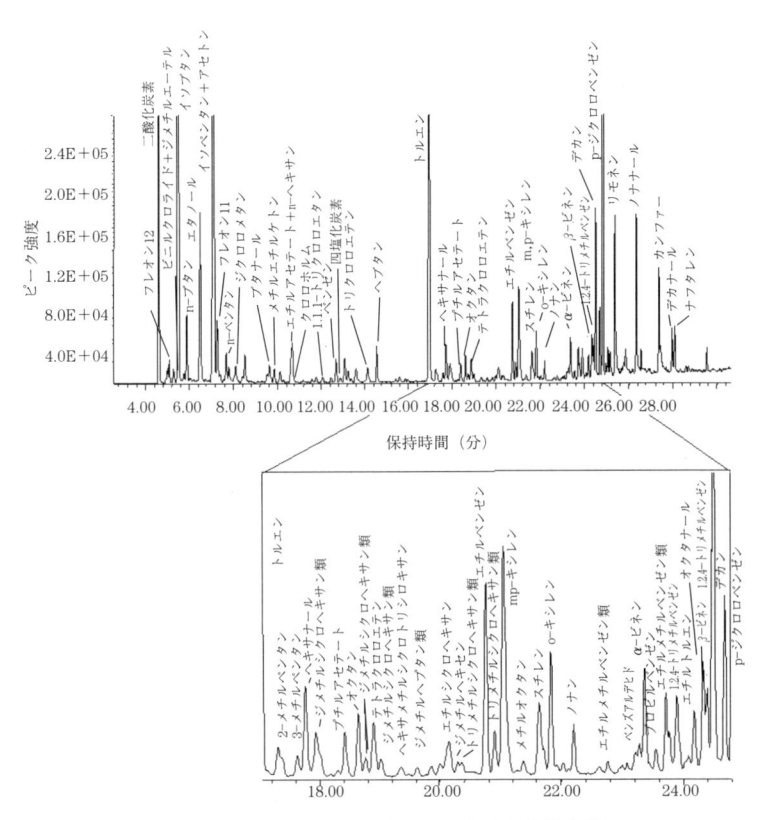

図 2.4.9 室内空気中に含まれる微量有機化合物

量検索した例を図 **2.4.9** に示す．拡大すると多種の化合物が確認できる．このように室内空気中には微量の化学物質が多数存在している．こういった極微量の化学物質がシックハウスの原因物質となっている可能性もあり，分析機器にはシックハウスの原因物質の探索で今まで以上に威力を発揮することが期待されている．

(横河アナリティカルシステムズ㈱　瀧川義澄)

参考文献

1) シックハウス（室内空気汚染）問題に関する検討会　中間報告書—第1回〜第3回のまとめ，厚生労働省報道発表資料　平成12年6月29日
2) シックハウス（室内空気汚染）問題に関する検討会　中間報告書—第4, 5回のまとめ，厚生労働省報道発表資料　平成12年12月22日
3) 健康住宅研究会，「室内空気汚染の低減に関する調査研究」報告書，平成10年3月
4) 居住環境中の揮発性有機化合物の全国実態調査について，厚生労働省報道発表資料　平成11年12月14日
5) 田辺新一，他，「住宅における生活環境の衛生問題の実態調査」報告書，平成11年度厚生科学研究補助金（生活安全総合研究事業），平成12年3月
6) 社団法人日本建築学会　室内化学物質空気汚染調査研究委員会，「シックハウス対策のための化学物質放散量の測定と評価に関するシンポジウム」テキスト，2001年3月
7) 社団法人日本建築学会　室内化学物質空気汚染調査研究委員会，「化学物質による室内空気汚染の現状と対策　報告会」テキスト，1999年7月
8) 社団法人日本建築学会　室内化学物質空気汚染調査研究委員会，「化学物質による室内空気汚染の現状と対策　報告会」テキスト，2000年
9) 室内空気対策研究会　実態調査分科会，「実態調査　平成12年度報告書」，室内空気対策研究会ホームページ掲載
10) 安藤正典，「室内空気中に存在する化学物質一覧」，資源環境対策，p. 53-60　Vol. 33　No. 8（1997）
11) 池田耕一，朴俊錫，「室内化学物質空気汚染の解明と健康・衛生居住環境の開発に関する研究　化学物質汚染に関する全国の住宅を対象とした実態調査」，2000年度科学技術振興調整費，2001年5月
12) 社団法人日本建築学会　室内化学物質空気汚染調査研究委員会，連続講座「ヘルシーな室内環境—講座1　化学物質による室内空気汚染」テキスト，2000年2月
13) 社団法人日本建築学会　室内化学物質空気汚染調査研究委員会，連続講座「ヘルシーな室内環境—講座2　化学物質汚染の実態と測定・評価法」テキスト，2000年3月
14) 社団法人日本建築学会　室内化学物質空気汚染調査研究委員会，連続講座「ヘルシーな室内環境—講座3　シックハウスをいかにして診断するか」テキスト，2000年4月
15) ISO/TC 146/SC 6国内委員会，「室内空気汚染物質の評価法の動向（JIS等の標準化の現状）」講演会テキスト，平成12年11月21日
16) 住宅の品質確保の促進等に関する法律，国土交通省ホームページ
17) The right to healthy air–everyone's right, WHO, Copenhagen, 2000
18) Air Quality Guidelines, WHO, 1999

2-5 プラスチックリサイクルを行うために

2-5-1 集められるプラスチックゴミ

PETボトルが飲料容器の代表になったのはいつの頃からであろうか．今は驚くほどたくさんのプラスチック容器が出され，ゴミとして捨てられている．そのほとんどは焼却処理をされていたが，ダイオキシン問題やリサイクル運動の高揚をきっかけに，廃棄されたゴミを，お金をかけてただ処分するのではなく，何らかの形で還元することに変わってきた．法律としても各種リサイクル法が成立しており，プラスチック再生に向けての風が吹いているといえる．ところで，プラスチックといっても多くの種類があるのはご存じであろうか．

よく知られているのは塩ビ（塩化ビニル），ペット（PET，ポリエチレンテレフタレート），ポリエチレンくらいであろうか．ところが実際には実に多くのプラスチックの種類があり，性質もいろいろと異なる．リサイクルの対象となる主なプラスチックを**表 2.5.1**に示す．名前の頭によくポリという言葉がみられるが，これはたくさんという意味に解釈してよい．すなわち，ポリエチレンだとエチレンという物質が化学結合しながらたくさん集まって1つの分子を作り上げているものと解釈できる．

ところで，やっかいなことにこれらをリサイクルしようとすると，できるだけ違う種類のプラスチックを混在させないようにしなければならない．そこで，プラスチックの分別が非常に重要なこととなる．同じ種類のものであればPETなどで実用化している衣類へのリサイクル化などが容易となる．燃料としてのリサイクル（サーマ

表 2.5.1 リサイクル対称の主なプラスチック

プラスチック名	マーク	化学構造式	主な用途
PET, ポリエチレンテレフタレート Polyethylene terephthalate	PET (1)	$(-OC-C_6H_4-CH_2O-)_n$	磁気テープ, FD, 清涼飲料水ボトルなど
HDPE, 高密度ポリエチレン High density polyethylene	HDPE (2)	$(-CH_2-CH_2-)_n$	洗剤ボトル, 灯油缶, フィルム, コンテナな
PVC, ポリ塩化ビニル Polyvinyl chloride	PVC (3)	$(-CClH-CH_2-)_n$	水道当配管材, 電線被覆農業用フィルムなど
LDPE, 低密度ポリエチレン Low density polyethylene	LDPE (4)	$(-CH_2-CH_2-)_n$	フィルム, ラミネート, 電線被覆など
PP, ポリプロピレン Polpropylene	PP (5)	$(-CH(CH_3)-CH_2-)_n$	自動車部品, 電気部品包装フィルム, 注射器, 日用品など
PS, ポリスチレン Polystylene	PS (6)	$(-CH(C_6H_5)-CH_2-)_n$	テレビ・冷蔵庫等工業部品容器, トレーなど家庭用品玩具, 発泡パッキンなど

ルリサイクル) もあるが, プラスチックの種類によってはダイオキシン類などのように有害ガスの発生が考えられ, これらが混在しないように, 燃焼処理をするプラスチック類から取り除くための分別をしなければならない. 使用→回収→分別→再利用のサイクルに対し, いかに知恵を働かすかが, プラスチックリサイクルの鍵である (図 2.5.1).

2-5-2 どのように分別するのか

「分別は簡単だよ. ボトルの裏の記号をみればいいんじゃないか.」このように言う人もいるだろう. ペットボトルのように確か

2-5 プラスチックリサイクルを行うために

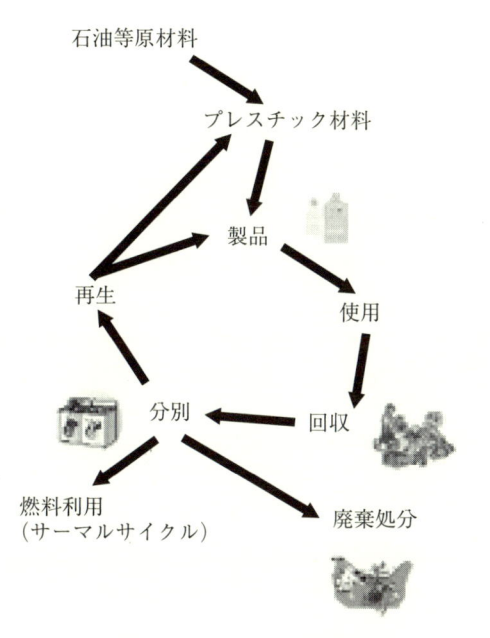

図 2.5.1 リサイクル概念

に最近材料が明記されているものも増えてきている．しかし，ほとんどが，材料の明記もなく総称のプラスチックとしてまとめて捨てられているのが現状である（**写真 2.5.1**）．

では，集められたゴミはどうするのであろうか．多くの場合は簡単な分別を人の手で行い，あとはごちゃごちゃにまとめて処分をしているようである．これらのゴミは様々な手段で分別される．**表 2.5.2** に主なものをまとめる．大量にある場合はプラスチックの比重の違いによって分ける方法がある．ある強さの風を送ると重さ（比重）によって分けることができる（**図 2.5.2**）．運動会で小麦粉の中にあるあめ玉をくわえる競技があるが，みんな一生懸命小麦粉

写真 2.5.1 プラスチックゴミ

表 2.5.2 主な分別方法

	方　　法	操 作 性	選別対象	選別確度
近赤外分光法	近赤外光の吸収を測定	前処理や薬剤使用が不要で，簡便計測	PE, PP, PVC, PS, PET など	色や汚れの影響が少なく高い分別確度
比重選別法	風力あるいは高速回転する水中で比重差による分離	装置が大規模で，破砕処理などが必要だが，大量処理が可能	比重の近い PP と PE や PET と PVC の分別は不向き	付着物による分別エラーのおそれがある
溶剤選別法	溶剤に対する溶解度の差を利用して分離	薬剤を使用し分別後の処理が煩雑	PE, PP, PVC, PET など	温度などの条件で分別確度が左右
レーザー光選別	炭酸ガスレーザー照射による発光現象を測定	偏平処理が必要	シート状 PVC の分別	偏平試料以外は誤判定
X 線選別	PVC などの塩素が X 線吸収することを利用	前処理が不要だが，放射線を使用	PVC の分別	汚れや厚さ，表面状態で誤判別

2–5 プラスチックリサイクルを行うために

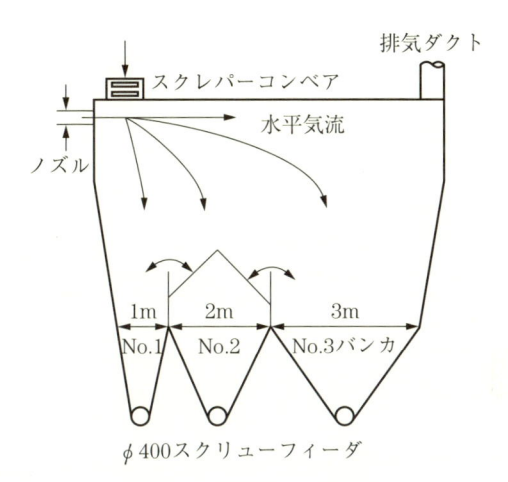

図 2.5.2 横型風力分離機例

に息を吹いて吹き飛ばし,あめ玉を見つけていたのと同じ感覚である.細かく切って水に浮かべ高速回転すると,重いものは下に沈み,軽いものが上に浮かぶ,こんな方法で分けることもできる.また,細かく切ったプラスチックに対し,電気的に分離をする方法もある.

最近では,十分な酸素供給下でプラスチック自体を燃焼させ,でてきたガスを吸収液に吸収させ,イオンクロマトグラフという機器を使って塩化物や臭化物の量を量り,塩化物が含まれているものとそうでないものを分別する方法も研究されてきている.いずれにしても大変な手間と人手,あるいは熟練技術が必要な作業のようである.「もっと簡単に分別したい」このような要望の基に考えられたのが,分析で使われる光を使った方法である.光にはレントゲン撮影に使用するX線や近赤外線などが使われており,新しい分別方法として注目されている.

2-5-3 近赤外線を利用した分別方法

　近赤外線は目に見える可視光線と,熱線とも言われている赤外線の間の領域の光線である.その波の長さ,波長は 800 nm から 2500 nm 程度の領域である.すなわち 1 cm の中に波が 12000 から 4000 個程度入るくらいの長さのものである(**図 2.5.3**).この光を当てると中の分子がこのエネルギーを吸収し,活発に動くようになる.そこで光の強さは弱められる.この度合いを測ってやるのがこの分析方法である.ちょうど,太陽の下でよく茂った木の陰は涼しく,葉っぱのまばらな木の陰は少し暑く,丸坊主の木の陰は暑いのと同じ

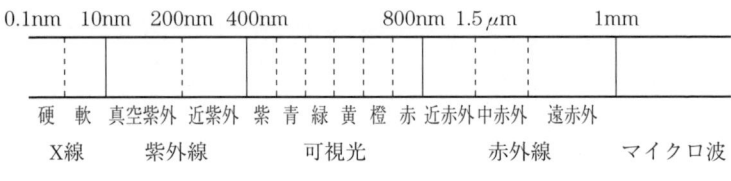

(波長) wavelength

| 0.1nm | 10nm | 200nm | 400nm | | 800nm | 1.5μm | | 1mm |

硬　軟　真空紫外　近紫外　紫　青　緑　黄　橙　赤　近赤外　中赤外　遠赤外
X線　　　紫外線　　　　　　　可視光　　　　　　　　赤外線　　　　　　マイクロ波

図 2.5.3　電磁波の種類と波長

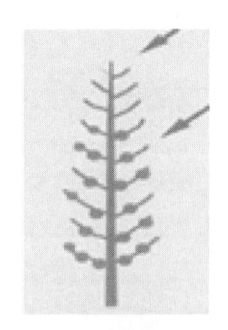

光の透過が　　　光の透過が　　　光の透過が
ほとんど無し　　少しある　　　　非常に多い

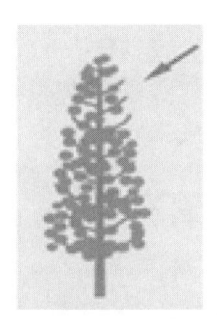

図 2.5.4　光の透過概念図

で（図 2.5.4），プラスチックにこの近赤外線を当てるとプラスチックを通過してくる光（透過光）やはね返ってくる光（反射光）の強さが異なる．この度合いを計測すると，分別に必要な情報がとれる．プラスチックをみると透明のもの，赤い色の着いたもの，薄いフィルム等実に様々である．同じような感じでも目で見ただけでは判断ができない．ところが近赤外線を使って，各波長毎の吸収の度合い（吸光度）を測ってやると，明らかな違いがでてくる．図 2.5.5 にいろいろなプラスチックの吸光曲線を示す．従ってこれを見れば基本的に分別できるはずなのだが，世の中そうそううまくはいかない．

実はプラスチックを作る上で，いろいろな鼻薬（添加剤）が入っており，常に同じデータが得られるとは限らないのである．ちょうど食べ物屋でカレーを食べても，店によって味が違うのと同じである．ここで活躍するのがデータ処理方法である．まず，各波長における吸光度のデータをもとに，横軸を波長，縦軸を吸光度としてグラフを書いてみる．次に，各波長でのグラフの傾きを取る．すなわち，一次微分を取る．横軸を波長，縦軸を 1 次微分値として再びグラフを書き，同じように各波長における傾きを調べる（二次微分）．縦軸を二次微分値，横軸を波長にして再びグラフを書き，縦軸にプラス側とマイナス側である値の線を引く．この線を，プラス側で越えた時に 1，マイナス側で越えた時に -1，それ以外を 0 にして表にまとめてやる（データの三値化）（図 2.5.6）．この方法でいろいろなプラスチックの標準的物質のデータを集め，それぞれに標準パターンを作成してやる（図 2.5.7）．実は未知の試料を測定したときにも同様の処理をしてやり，標準のパターンと比べて適合する個数を数え，適合率を出してやる．この適合率が高ければ，ほぼその種類のプラスチックとして推定できる（表 2.5.3）．

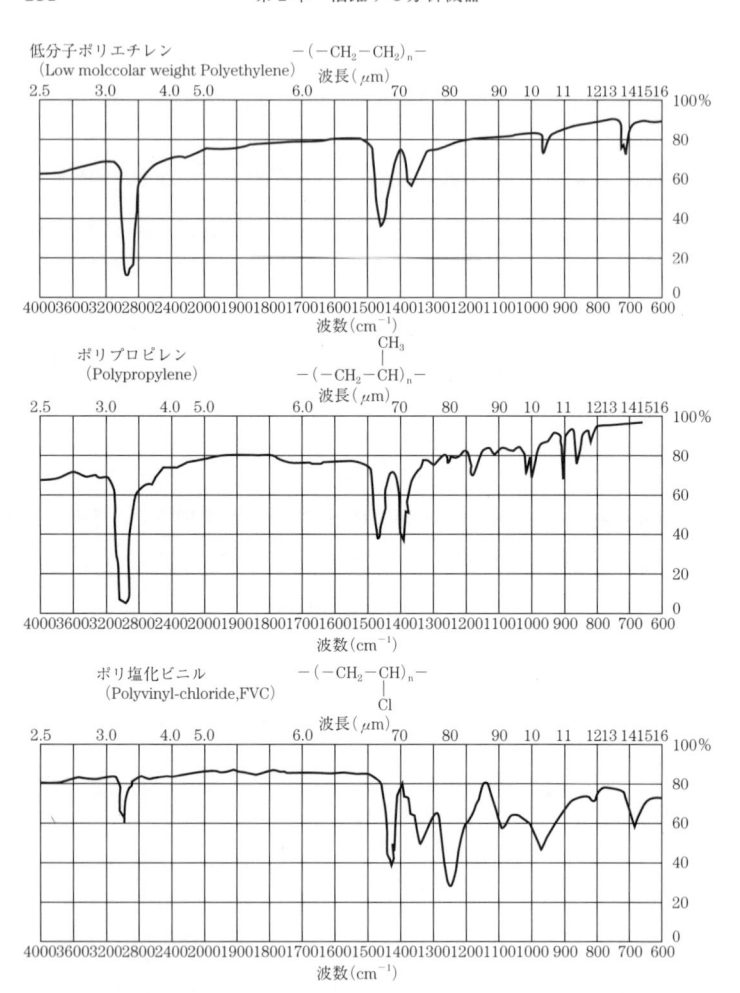

低分子ポリエチレン $-(-CH_2-CH_2)_n-$
(Low molccolar weight Polyethylene)

ポリプロピレン
(Polypropylene) $-(-CH_2-CH)_n-$
                         $|$
                         CH_3

ポリ塩化ビニル $-(-CH_2-CH)_n-$
(Polyvinyl-chloride, FVC) $|$
                                Cl

図 2.5.5 主なプラスチックの吸光スペクトラム

2-5 プラスチックリサイクルを行うために

プラスチックの状態

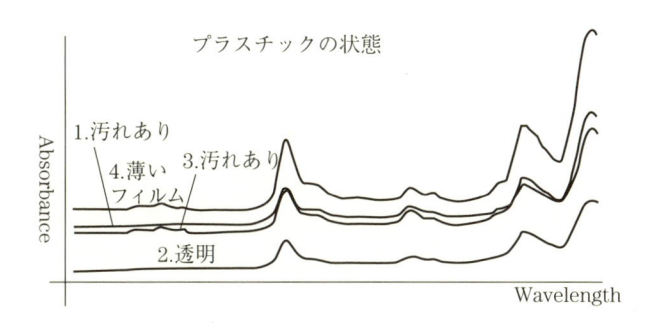

1. 汚れあり
3. 汚れあり
4. 薄いフィルム
2. 透明

Absorbance / Wavelength

近赤外(NIR)スペクトラム

2nd Derivative

0.1Px
−0.1Px

3
2
1
4
Px

三値化データ

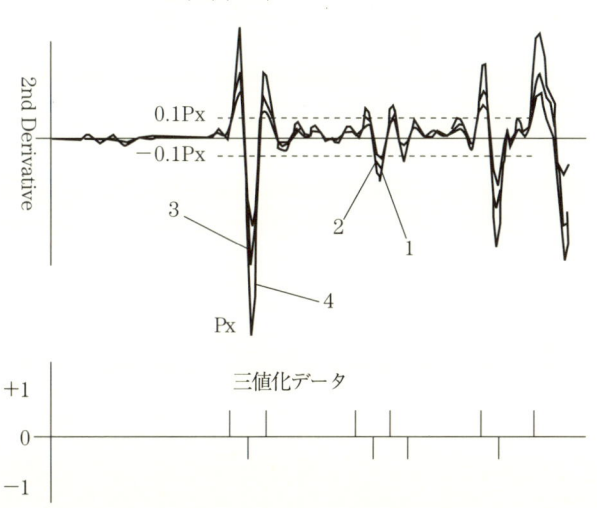

+1
0
−1

図 2.5.6　波形処理例

このように，検出部分とデータ処理のためのアルゴリズムを組み合わせて判断しているのである．すべてのプラスチックがこれで判別できるわけではないが，塩化ビニルや塩化ビニリデン，ポリプロピレン，ポリエチレン，PETなどの主なものについては判別が可

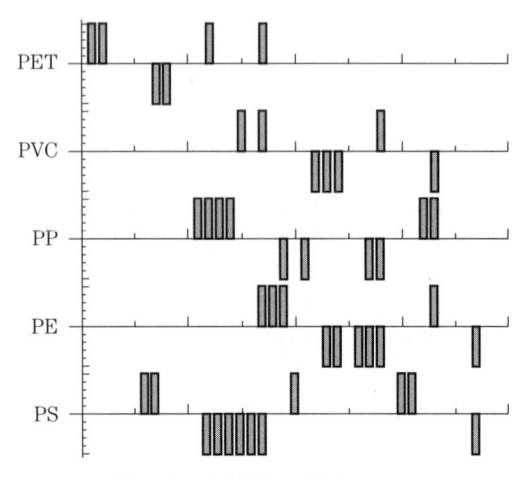

図 2.5.7 各材質の三値化データ

表 2.5.3 三値化適合表

サンプル	色	厚さ	適合率（％）					表示, あるいは スペクトル予測
			PE	PP	PVC	PET	PS	
ゴミ袋	黒	0.04	76	42	36	5	33	PE
ポリ袋	白	0.05	84	50	44	11	33	PE
ボトルラベル	青	0.08	56	42	80	26	39	PVC
プラボトル	透青	0.4	28	33	32	92	24	PET
試薬びん	白	1	56	100	56	18	21	PP
エアーパッキン		0.05	80	67	60	29	36	PE
ポリ紐	透赤	0.03	80	54	56	21	42	PE
醤油ボトル		0.7	42	42	28	86	30	PET
醤油ボトル蓋	赤	1.5	33	71	44	22	18	PP
洗剤ボトル	青	0.8	75	38	64	14	33	PE
調味料容器		0.8	50	92	52	19	15	PP
清涼飲料容器		0.7	38	42	24	92	24	PET
カップラーメン包装フィルム		0.07	67	71	92	11	30	PVC
化粧水容器	白半透明	1.8	29	25	36	38	82	PS

能となる．この方法は主成分分析の処理方法の1つであり，同じような事例の分析に利用されている．この方法の優れている点は，試料に汚れが存在していてもほとんど影響されない．また，色の着いた試料についても問題にならない．色の着いている試料が測れるというのは奇異に感じるかもしれないが，そもそも，われわれが色を感じられる範囲は波長で言うと350 nm～800 nm程度の可視領域であり，この判別を行う波長領域とは異なることから，判別に影響されないのである．ただし，黒色については光を吸収するため，測定することはできない．

　実際の測定装置について考えてみよう．近赤外光をとらえるために，透過光を利用する方法と反射光を利用する場合とある．透過光を利用する場合は，当然光を通さなければならないために，透明または半透明の試料のみしか測定ができない．近赤外光源と検出センサの間に試料を入れて，そのときの波長—透過曲線（または波長—吸光度曲線）を見る．透過した光はグレーティング部分で波長のバンドとして展開される．これを，センサが横に多数並んだダイオードアレーでとらえていく．グレーティング部分はいわばプリズムと同じである．太陽光などをプリズムに通して紙に写すときれいな虹が描けるのはすでに経験していることと思う．

　これは，プリズムの屈折率をうまく利用して波長のバンドに分けている方法で，これと同じ事が測定機内で行われる．虹を写したときに青から赤まできれいに並んでいるが，非常に小さなセンサを赤，黄色，橙，……青の所に並べていくとそれぞれの色の強さを同時に測定することができる．このセンサが細かく配列されていればいるほど，波長の分解能が小さくなる．例えば250 nmのバンドを一個のセンサでとらえるならば250 nm幅の光をすべて測るわけだし，5

個のセンサを並べて測るならば 50 nm ずつの光の強さを測ることになる．50 個であれば 250 nm を 50 等分し，5 nm ずつの情報が得られるわけである．このようにして，透過された近赤外光をできるだけ細かい分解能でとらえることによって，波長—吸光度曲線を作成し，前述のアルゴリズムに従って処理をする．試料移送にベルトコンベアを使用することで自動分別化がはかられる（**図 2.5.8, 写真 2.5.2**）．現在，測定及び計算処理に 2 秒程度かかるため，実際の分別能力は 1800 個／時間の処理能力となる．この装置は主にボトルの分別に利用されているが，実際には試料同士の重なりがでないような工夫が必要である．判別された試料はコンベア出口で材質によって分けられる．一般家庭の教育用には投入口から空きボトルを

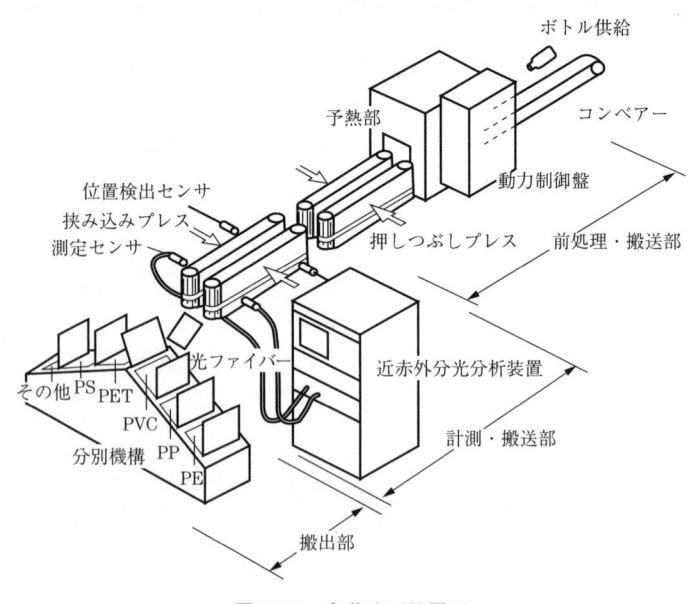

図 2.5.8　自動分別装置図

2-5 プラスチックリサイクルを行うために

写真 2.5.2

投下すると，入り口近くのセンサが感知し分別を行う装置がある（図 2.5.9，写真 2.5.3）．

反射光の場合は，不透明な試料でも測定が可能である．透明な試料の場合は逆にほとんどの光が透過してしまうため，対面に反射板

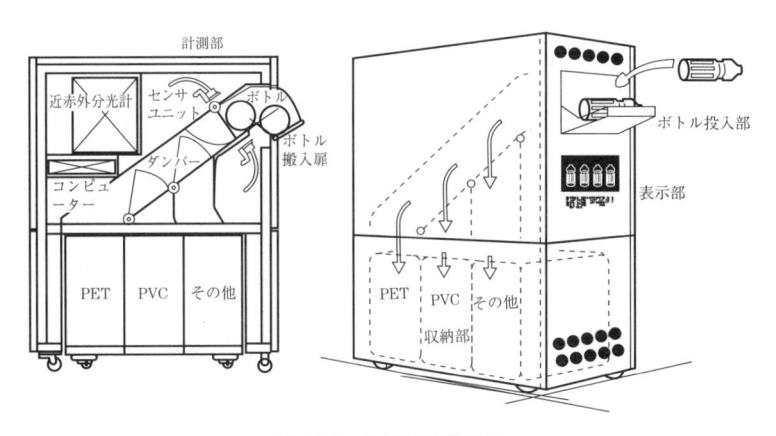

図 2.5.9 分別装置構造図

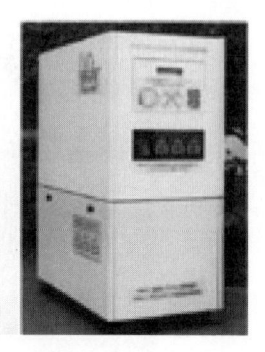

写真 2.5.3 分別装置例

を置き,反射光と一緒にとらえてやる.実際市販されている装置を見ると,これらとは別に試料検出用のセンサが付加されている.すなわち,試料が近づくとセンサが働いて判別を開始する.

これらの判別方法は,試料を変化させたり,試料によってセンサが汚されたりしない非接触の分析装置である.特に,廃棄物の分別の場合は非常に汚れた試料が混在するために,この特長が非常に大きなメリットとなる.

2-5-4 おわりに

近赤外を使った分別装置は分析手法を利用した装置で,ものの成分を定量的に測定するものではない.いわゆる定性装置である.これは,目的が物質の量を測定することにはないためである.近年,近赤外領域を利用した測定が脚光を浴びている.例えば,食品などの濃度分析や水分分析,においの分析など研究分野も含めて多くの機器がでている.

測定(検出)の方法はほとんど変わらないが,それをどのように処理し,結果をどのように解析するかが各分析機器のノウハウにな

っているが,原理そのものは難しいものはない.また,光は測定検体と離した位置で測定できる,いわゆる非接触で測定できるため,汚れなどを余り気にする必要もない.プラスチック判別はうまくこの性質を利用した装置である.市販装置は,応答時間や価格,判別確度などでまだ多くの問題を残してはいるが,環境負荷の軽減に分析機器が活躍している例として述べさせていただいた.

(東亜ディーケーケー㈱ 後藤良三)

第3章 データの管理と精度管理

3-1 データの管理と精度管理

　データの管理は，得られたデータの改竄の防止，依頼者に対する秘密保持など，データの保護を意味することがある．これは故意または過失によるデータの変更，破壊，開示を防止することである．特に，コンピュータを用いてデータを管理している場合には，多量のデータが瞬時に改変され，盗用されるなどの大きな被害を受けることになる．

　コンピュータがデータの取得，処理，評価，報告，記録そして保管に使用されているときは，ソフトウェアが目的に合っているか，妥当性確認を行っているか，データの取得が完全か，完全に記憶されているか，適切に処理されているかなどの確認の手段が確立されていることが重要である．また，コンピュータへの無許可のアクセスの防止，記録修正の防止の手段は講じられてあるかなどの不正を防ぐ手順が整備されているか．システムについては，システムダウン，オペレータの誤操作，無許可の端末接続などの防止手段などのコンピュータ独特の管理システムが必要である．

　データ管理のもう1つの側面は，データの質に関するものである．データの質とは，得られたデータの信頼性に関するもので，直接分

析値の信頼性に関係する．

本稿では，後者を精度管理に含めて述べることにする．

精度管理とは，正確で信頼性の高い分析結果を得るために，分析操作の段階のすべてについて，精確さの目標値を定め，管理を行い，その結果として信頼できる分析値を得ようとするものである．

精確さを担保するためには，分析方法については，定められた分析方法が定められた基準に従って用いられているか，使用する機器が所定の性能を維持しているのかなどを検証することは重要なポイントとなる．

データの管理や精度管理が必要なのは，要求される分析値の確からしさを分析の依頼者，利用者に対して保証するためである．

事業者，事業所の個別の精度管理システムは，目的に応じて，手順書を作成し，作業者はこれに従うことを義務づけることが重要である．

3-2 真の値は得られるのか

平成10年度に行われた，我が国の公的，民間機関62機関によって底質中のダイオキシンの量を測定した結果を図 3.1.1 に示した．

環境庁は昭和50年度より環境測定データの信頼性確保のために，環境分析統一精度管理調査を行っている．近年，問題となったダイオキシン類の測定に関しては，濃度が pg/g（ppt）レベルであり（$1/10^{12}$，パーツ・パー・トリリオン：東京ドームを水で満たし，そこに1個に角砂糖を溶かした程度の砂糖の濃度），複雑な，長時間の前処理（1～2週間）が必要であり，なおかつ，いわゆるダイオキシンは多くの異性体，類似体の総称であり，それらを1つひと

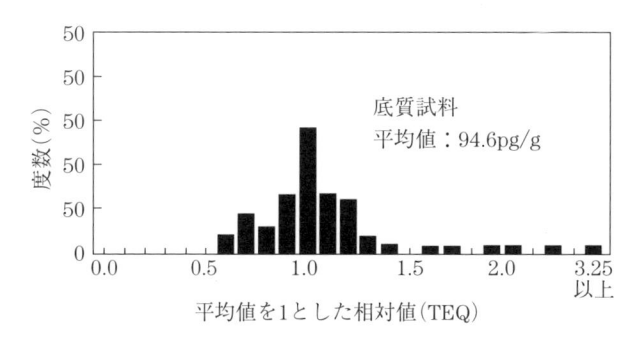

図 3.1.1 ダイオキシン類の共同分析

つ測定して，毒性の最も強いとされている 2,3,7,8 四塩化ジベンゾーパラージオキシンの毒性を 1 として他のダイオキシンの毒性の強さに換算して示す，という複雑な分析方法によって分析値が出されているため，定められた分析操作によって分析されていても，これだけの値の変動があることを示している．

分析所間の変動を示す室間の分析値の変動係数は，5 個の異常値を除いた後でも，19.2% であり，分析値の分布は平均値を中心としているが，微量分析によく見られるような，高濃度側に裾を引いており，ばらつきは少なくはない．平成 11 年度に行ったダイオキシン類排出実態調査において，同一試料に対し，分析所間で最大 2700 倍ものばらつきがあったことが報告されている．

このような複雑な操作を必要としない分析で，単純な系で，比較的容易に分析できる濃度でも，変動係数 1% を切るためには，細心の注意と多くの機関で十分に検討され，精確さを担保する要因が解析され，詳細に検討された分析方法によって初めて可能となる．

試験所間及び国家間での分析値の整合性が，国際貿易，地球環境の保全などに関係するとして，分析値の信頼性を確保する目的で，

国際度量衡委員会においては，化学計測の信頼性の確保が重要であるとの認識のもとに，諮問委員会の一つである質量諮問委員会（CCQM）において，化学計測分野でのデータの整合性を確保するための国家計測機関の間での共同実験が，多方面にわたる化学物質について活発な研究活動がなされている．

この作業グループの１つで金属イオン濃度測定を行う作業グループがある．このグループが，20〜50 μg/g の濃度の金属イオンの水溶液の定量に関して 1994 年に行った測定結果（図 **3.1.2**）では，最

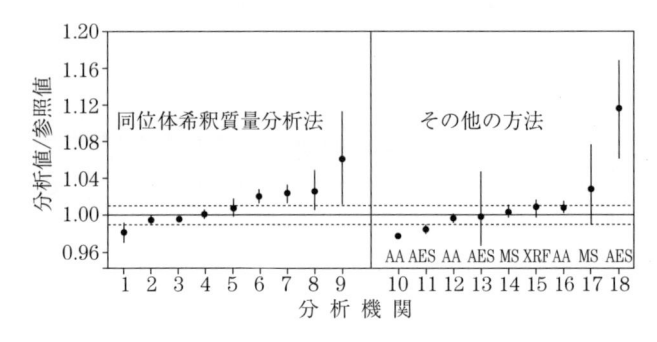

図 3.1.2 第 1 回国際共同実験

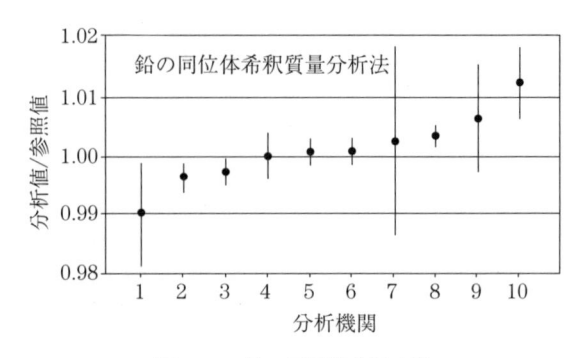

図 3.1.3 第 2 回国際共同実験

高の精確さをもつ同位体希釈質量分析法を用い，最高の技術者を投入しても，いずれの金属についても目標とした変動係数1％以内に収まることはなかった．第2回目の鉛のみについての共同実験でようやく，概ね目標を達している（**図3.1.3**）．

これらの実験は，試験所間の分析値のばらつきを小さく保つことは非常に困難であることを示している．

金属イオンの測定においては，純金属を溶解するなどして調製されているため，参照値（真の値に近いと判断される値）は明らかであるので分析値のかたよりが求められる．図3.1.1，3.1.2においては，その値を1として示されている．使用した金属の純度，ひょう量誤差，一定量に希釈する誤差，容器への吸着又は容器からの溶出による汚染，輸送中の事故など，誤差の入る多くの要因があり，一般には，真の値は明確ではない．

真の値は「神のみぞ知る」で測定可能な値ではない．

分析結果について，どの程度の確からしさが必要なのか，また，どの程度のばらつきが許容されるのかによって分析方法の選択，分析機器の整備，技術者の訓練を行うなどの対策が必要でる．

3-3　化学分析はその他の測定と異なるか

化学分析とは物質に含まれる化学種の種類を知り，さらにその化学種の量を測定することである．

化学分析は長さを測る，質量を測るなどの物理的測定とは異なる．

試料の採取，溶解，目的成分の抽出，希釈，分析機器による測定など一連の不連続な化学的，物理的操作から成り立っている．

従来の大部分の分析法は，目的成分を分離し，その質量を化学天

秤によって測る重量分析か，目的成分と化学反応を起こす試薬溶液によって滴定する滴定法が主であり，そして，少数の名人といわれる人の分析値が基準となっていた．しかし，1950年代に入ると測定方法は変化してきた．新しい測定原理を用いた機器の開発，それによる測定方法の開発，自動化などによって，化学分析に大きな変化が生まれた．

機器分析は測定濃度範囲，化学種に対する高い選択性，高い感度など，その高い分析能力によって，化学的知識が少なくても，より速やかに，より労力が少なく，一応の分析値は出せようになった．機器分析法の誕生である．しかし，別な問題が生じた．ICP発光分光分析を例にとれば，試料溶液を高温のプラズマ中に噴霧し，目的元素の原子発光を測定するもので，得られ信号は，電流（または電圧）であり，定量目的である質量でも物質量でもない．そこで，電流の大きさを質量に変換する．このため，濃度が知られている標準液を同様に測定し，得られた信号強度と標準物質の質量との関係を表す方程式を求める（検量線）．この検量線を用いて試料中の濃度を算出する．ここで注意することは，機器分析においては，実際には，検量線によって求めるのではなく，濃度－信号強度の関係方程式に代入して求めるもので，検量線といわれるものは，検量線の方程式への当てはめの良否を判定するのに用いられ，機器分析においては仮想的直線（曲線）である．

この過程で分析値の信頼性についての問題が生ずる．1つは，分析機器が期待通りに作動していることの確認とその根拠を記録することである．この確認手法は分析機器のバリデーションといわれている一連の作業である．

もう1つの問題は，従来から行っていたが化学的操作自身が依然

として分析値の信頼性に係わる問題として大きな比重を占めていることである．化学的操作の信頼性は，操作の各段階における信頼性の積み重ねであるため，すべての操作段階について信頼性を検証しなければならない．この作業の内容，手順は分析方法のバリデーションといわれるものである．バリデーションについては3.5に述べる．

3-4 用語は整合されたか

　信頼性に係る用語には，長い歴史があり，また，用いられていた分野間での交流が少なかったため，同じ用語でも意味が異なっているものも多い．また，外国語が同じでも対応する日本語が異なっているものもあり，大きな混乱がある．

　特に，precisionとaccuracyについては混乱が多く，国際標準化機構（ISO）でも長い間議論が続いていたが，議論が深まるにつれて，用語の意味も次第に固まってきた．日本においても，工業分野では日本工業規格（JIS）によって用語の意味が決められている．しかし，使用分野，制定年度の相違によって，意味が異なっていることもある．

　信頼性に関する用語で，よく用いられる用語で混乱しているもののいくつかを選んでみた．計測用語JIS Z 8103-1990及び統計用語と記号，第2部統計的品質管理用語Z 8101-2-1999から抜き出した．

　最も混乱が目立つ用語は，accuracyであろう．これはaccuracyという用語の意味が変化してきたことによる．1985年までは「多数の測定値の平均値と真の値との差が小さければ，accuracyが良好である」とされていた．測定値がいくらばらついていても，平均

値が真の値に近ければ accuracy が良好であるという意味である. しかし, accuracy という言葉は, 英語の accurate の名詞形であるから, ばらつきの大きなものを accurate ということに, 特に, 米国が強く反対した. 図 3.1.1 に示した共同分析の分析例は参考になる. これらの意見を採り入れ, accuracy はばらつきとかたよりの良否を示す用語として採用することになり, 1985 年東京で行われた ISO 会議で決定された. そして, 空席となった片よりを示す用語として trueness が候補として挙がり, 1994 年に ISO 5725 に採択された. この結果の一部は ISO 5725-1:1999 として制定された. この規格は日本工業規格 JIS Z 8401-1:1999 として制定された (**表 3.1.1**).

一般に用いている日常語を技術用語として用いるときには特段の注意が必要であろう.

公式文書にも accuracy, precision 及び tureness との間には混乱がある. 特に, 日本語で書かれた用語では, その出典, 意味に留意する必要がある.

表 3.1.1 工業規格に見る用語

用 語		JIS における用語の意味
英 語	日 本 語	
accuracy	正確さ	かたよりの小さい程度 (Z 8103)
	精確さ, 総合精度	観測値・測定結果と真の値との一致の程度. 真度と精度を総合的に表したもの (Z 8101-2)
precision	精確さ	ばらつきの小さい程度 (Z 8103)
	精密さ, 精密度, 精度	同一試料に対し, 定められた条件下で得られた独立な観測値・測定結果のばらつきの程度 (Z 8101-2)
trueness	真度, 正確さ	真の値からのかたよりの程度 (Z 8102-2)
		Z 8103 にはない

JIS Z 8401-1:1999 に制定されている用語を**表 3.1.2** に示す.

これらの用語はよく整理されており,使用することを勧める.理解を助けるために,**図 3.1.4** に用語の関連を示した.この図に示した reproducibility と repeatability はともにばらつきを表す用語であることに留意する.

表 3.1.2 JIS Z 8401-1 の用語の意味

用語		JIS Z 8401-1 における用語の意味
英語	日本語	
accuracy	精確さ	個々の測定結果と採択された参照値との一致の程度
precision	精度	定められた条件の下で繰り返された独立な測定結果間の一致の程度
trueness	真度,正確さ	十分多数の測定結果から得られた平均値と,採択された参照値との一致の程度

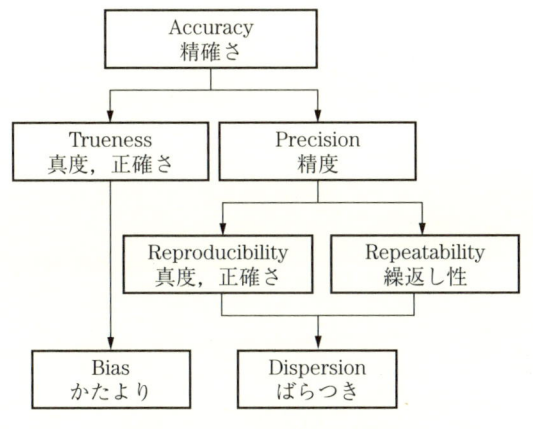

図 3.1.4 精度評価の概念図

3-5 信頼性の要素にはどのようなものがあるか

分析値の信頼性を担保する要素は非常に多く,採用した分析方法によって異なるが,概括すると次のようにまとめることができる.

(1) バリデーション (妥当性確認)

バリデーションは妥当性確認と訳されている.

「製造所の構造施設並びに手順,工程その他の製造管理及び品質管理の方法が期待される結果を与えることを検証し,これを文書とすること」(厚生省 GMP)と定義されている.

医薬品製造においては,医薬品の安全性,有効性が最優先の課題であるが,米国では,この課題の確保のために Good Manufacturing Practice (GMP) を 1963 年に法律として制定した.我が国でも「医薬品の製造管理及び品質管理規則」が 1980 年に法制化され,これを確実に実行し,目的とする品質を保証するため,方法及び工程を管理する目的でバリデーションが行われた.ここでは,設備,機器,作業方法,製造方法,試験・検査方法,管理方法が最適なものであることをどのようにして確認するか,などその科学的根拠,妥当性を明確にすることが重要であることが強調された.

ISO/IEC 0025 の改正版である,ISO/IEC 17025 (試験所及び校正機関の能力に関する要求事項) においても,多くの要因が試験,校正の正しさ,信頼性を決定するものであり,

a) 人間の要因
b) 施設及び環境条件
c) 試験・校正方法及び方法のバリデーション

3-5 信頼性の要素にはどのようなものがあるか

d) 設備
e) 測定のトレーサビリティ
f) サンプリング
g) 試験・校正品目の取り扱い

などについて，詳しい要求事項を挙げている．

この考え方は，一般の分析試験の信頼性保証にそのまま適用できる．目的に適した結果を与えることができる方法であることが優先事項で，最高精度が得られる方法は必ずしも必要としない．目的とする不確かさの範囲内であればよい．

方法の妥当性の確認は，目的とする分析値を得るために，分析方法の性能特性が十分であることをまず確認することが必要である．

共存成分の影響受けずに目的成分をどれだけ精確に測定できるか（特異性），測定可能な濃度範囲，精確さ，繰返し性，共存成分の量が変化しても，測定条件が変化しても，測定結果が影響を受けにくい（頑健性）なのどの分析性能特性の確認が必要である．また，分析値を必要とする目的は何かを明確にすることである．

分析方法はこれらの要因を考慮して選択されるべきである．方法の選択には，

a) 異なる方法で得られた結果との比較による精密さの確認
b) 異なる試験所間の分析値の比較
c) 標準物質を用いた検証，校正
d) 不確かさを算出し，分析値の精確さを推定する．
e) 団体で規格化された方法，公定法などを用いる．

などが必要であろう．

(2) 不確かさの推定

不確かさに関係する要因は，系統的に寄与する要因と偶然的に寄与する要因とに分けられる．

系統的要因として，分析機器の校正の不適切さ，試料マトリックス（共存成分）の影響などがあり，偶然的要因としては分析機器のノイズ，分析機器及び器具の操作による人的変動などが挙げられる．不確かさは比較的新しい概念であるので項を改めて3.6で詳しく述べる．

(3) トレーサビリティの確保

品質システム，環境保全，製造物責任，計量など，産業活動から日常の生活，安全に至るまでの広い範囲における測定結果の信頼性の確保が必要になってきている．測定結果の信頼性を求める場合，その量の頂点として国際単位系（SI）がある．長さや質量などの物理量の測定においては，測定装置や機器を一次標準とする体系の構築が容易にできる．この場合，測定値は測定装置または機器を介してSIに繋がるもので，これをSIにトレーサブルであるといい，このSIに遡及できる体系をトレーサビリティ体系といっている（図3.1.5）．

「トレーサビリティ」とは「不確かさがすべて表記された，切れ目のない比較の連鎖を通じて国家標準又は国際標準で決められた標

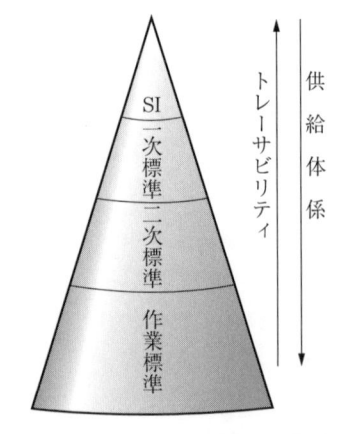

図3.1.5 トレーサビリティ体系

準に関連付けられ得る測定結果又は標準の値の性質」（ISO ガイド 30, JIS Q 0030）と定義されている．

化学分析における一次標準物質は，一次標準法といわれる重量法，滴定法，同位体希釈質量分析法（厳密には一次標準法ではないが）などによって厳密に値付けされた物質で，国家計量標準物質を研究している試験所などで研究されているもので，極めて高品質な標準物質であるが，その数はあまり多くはない．

二次標準物質は一次標準物質ほどではないが，十分に特性値が確定されたもので，高度な機器分析法によって測定され値付けられていることが多い．生産は標準物質生産者の資格を持った，研究所又は製造業者が行う．

化学分析においては，分析値はトレーサビリティが確立された標準物質によって校正された装置を用いて測定されて初めて信頼できるものとなる．化学分析は 3.3 に述べたとおり，多くの操作で成り立っており，SI へのトレーサビリティ体系を維持することは困難であることが多い．

分析値が信頼され普遍的な根拠の上にたっていることを示すためには，その値が国家標準又は国際標準など公的，国際的に認証された標準にトレーサブルであることが必要である．このため，トレーサブルな標準物質を用いて校正を行った，必要とする性能を持った測定機器によって測定を行い，測定値のトレーサビィティを確保し，測定値の精確さを示す必要がある．

現在の化学分析においては，標準物質を用いて分析機器を校正し，校正された分析機器を用いて分析値を算出することが普通である．この場合，標準物質が基準となっている．この体系が SI と直結していることの多い物理計測と異なり，化学分析の国際単位への遡及

を複雑にしている．化学計測における測定結果の信頼性は標準物質の質に直接関連するものであり，標準物質へのトレーサビリティを明確にすることは，信頼性を担保するために重要な意味をもつものである．

機器分析など化学分析に用いる標準物質は，国家標準に遡及できる体系のもとに供給されることが望ましい．

わが国では，国家標準へのトレーサビリティ体系によった標準物質（ガス，溶液）が計量法トレーサビリティ制度（JCSS）の下で供給されている．この標準液は，JIS規格に規定されている標準液とは異なる供給システムで運用されていたが，最近，供給体系の調和が図られ，JISに制定される標準液と計量法トレーサビリティ体制に基づく標準液の体系は整合された．

供給体系のトレーサビリティ体系の一例を図 **3.1.6** に示した．

国際的には，WTO/TBT協定による相互承認の促進，ISOの品質規格の受け入れの増加によって，計測の共通の尺度となる標準物質についてのトレーサビリティの確保は極めて重要なものとなってきた．標準物質については，認証値，その不確かさ及びトレーサビリ

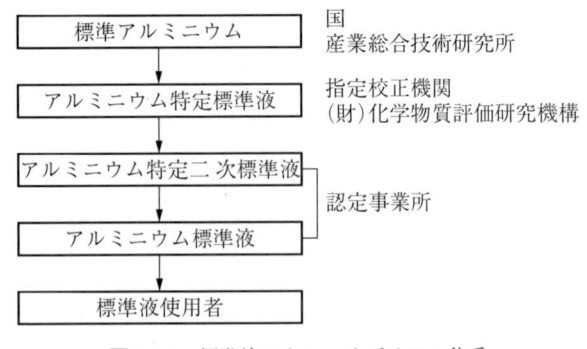

```
┌──────────────────┐  国
│  標準アルミニウム      │  産業総合技術研究所
└──────────────────┘
          │
┌──────────────────┐  指定校正機関
│ アルミニウム特定標準液  │  (財)化学物質評価研究機構
└──────────────────┘
          │
┌──────────────────────┐
│ アルミニウム特定二次標準液│┐
└──────────────────────┘│ 認定事業所
          │              │
┌──────────────────┐    │
│  アルミニウム標準液   │────┘
└──────────────────┘
          │
┌──────────────────┐
│   標準液使用者      │
└──────────────────┘
```

図 3.1.6 標準液のトレーサビリティ体系

ティが特に重要であり，これらを明確に示すことが必要である．ISO 9000 シリーズ，日本の計量法などでは，分析機器の校正に国家ないしは国際標準にトレーサブルな標準物質を用いることが明記されている．測定値は，SI がその頂点としてあり，また，国際標準または国家標準によって定められた標準と比較して決める必要がある．

化学分析については，トレーサビリティの頂点ある SI 単位は質量ではなく，物質量と呼ばれる SI 単位である．分析値は，g, ppm などの単位で示されることが多いが，この表現における SI 単位は質量の単位であるキログラムである．質量の単位はパリに保管されている国際キログラム原器が基準であり，各国のキログラム原器はすべてこれと比較されている．一方，物質の量を表す単位「モル」は炭素同位体 12 の 12 g 中に含まれる原子の数によって定義され，特に，化学組成に注目するときには物質量が重要な意味を持つ．質量には化学組成を伝える情報がなく，質量と物質量は，相対原子量（原子量）によって関連づけられる．

図 3.1.7 に水素及びその同位体の重水素と酸素 16 とが反応した

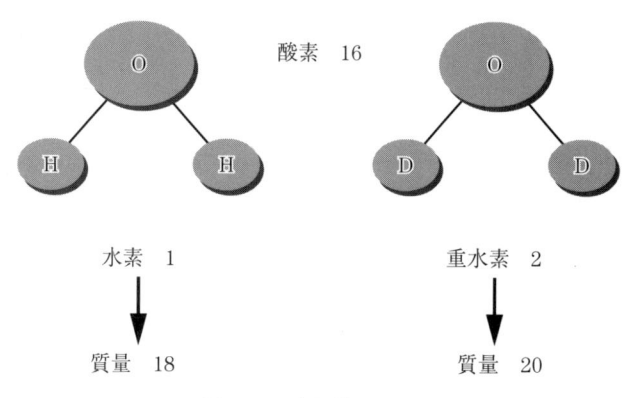

酸素 16

水素 1 → 質量 18

重水素 2 → 質量 20

図 3.1.7 水と質量とモル

結果を示した．明らかに，化学反応方程式は質量では記述できない．水素と重水素は同位体で化学的性質に差はほとんどないが質量は2倍違う．元素はその化学的性質によって分類され元素名がつけられており，質量ではないことに留意する必要がある．

3-6 測定値の不確かさ

測定値の確からしさを定量的に表現し，測定値の総合的なよさ（悪さ）の概念として，不確かさの概念が導入された．これは，品質の良否，機器の性能などを表現するためににに用いてきた誤差，精度，正確さなどの用語の内容が時代の変遷に合わず，その意味が曖昧になったこと及び使用する分野間に不整合があり，混乱を招くものであるとして，新しい概念の導入が求められていたことによっている．誤差は測定の結果と測定される真の値との差として定義されているが，真の値は正確に求めることはできないので，この定義に従った誤差は計算できない．これに代わる方法は，測定における不確かさの原因となる要因を調べ，真の値があるだろうと考えれられる範囲を推定することである．

測定値には必ずばらつきがある．このため，ばらつきを少なくし，また真の値に近い値を出すことが測定の要件であり，これが計測値の信頼性の確保及び確認につながるものである．測定値のばらつきの大きさを評価し，定量的表現をすることが測定の質を評価することにもなる．測定値のばらつきの大きさを表現することに必ずしも積極的でない向きもあるが，測定値のばらつきを示すことが信頼性を証明するために必要であることを認識しなくてはならない．

多くの場合，真の値は求めることは困難である．しかし，測定結

果を用いて真の値が存在するであろう範囲を統計的に求めることは可能である.このためのパラメータとして不確かさの概念が導入され,ISO の国際的指針として示された[3].

「不確かさ」とは,「測定の結果に付随した,合理的に測定量に結びつけられ得る値のばらつきを特徴づけるパラメータ」(国際計量基本用語集)であると定義されている[4].

「不確かさという用語は疑いを意味し,このため,測定の不確かさは広い意味では,ある測定の結果の確実さへの疑いをいう.不確かさの一般的概念と,例えば,標準偏差のような,この概念の定量的な尺度を与える固有の量とに,それぞれ対応する用語がないため,これら異なる2つの意味で不確かさの語を用いる必要が生じている」[3].

国際計量基本用語集の第一版では「真の値の存在する範囲」と定義していたが,第二版では一般的には知ることのできない真の値から切り離して上記のように定義し直している.

化学分析においても,不確かさの厳密さの程度は,用いられた分析方法に定められている範囲内であること,分析目的としている不確かさの範囲内に入ることが必要である.

不確かさの構成要素の合成には簡単な2つ方法がある.

値が独立したパラメータの和及び/または差で表される場合には,全体の不確かさは個々の不確かさの平方和の平方根で求められる.また,値が独立したパラメータの積及び/または商で表されるときは,相対不確かさは,それらの相対標準偏差の平方和の平方根で表される.後者の場合では,標準偏差を用いる代わりに相対標準偏差を用いる点が前者と異なっている.

不確かさを評価する方法には2つの方法に分けられる.それは,

タイプA：一連の測定値の統計的解析によるもの．

　　○互いに独立な測定による繰り返し測定値からの実験標準偏差

　　○分散分析からの標準偏差

　この場合の不確かさの寄与は繰り返し実験から推定，標準偏差として定量化できる．

タイプB：それ以外の手段による不確かさの評価方法

　　○今までのデータ

　　○試料や測定器に関する知識，経験

　　○校正証明書や成績証明書のデータ

　　○引用したデータや定数の不確かさ

　たとえば，推定平均値が全量フラスコの内容積のように許容誤差±aであることが分かっている場合，$\frac{a}{\sqrt{3}}$をもって標準偏差とする．

　両タイプ共に標準偏差（またはそれに準ずるもの）で標準不確かさを見積もる．さらに，これらを誤差の伝播公式によって合成する．ここでは最も簡単な標準偏差の2乗和の平方根を用いて合成不確かを求め，見かけ上タイプAとBとの区別をなくしている．

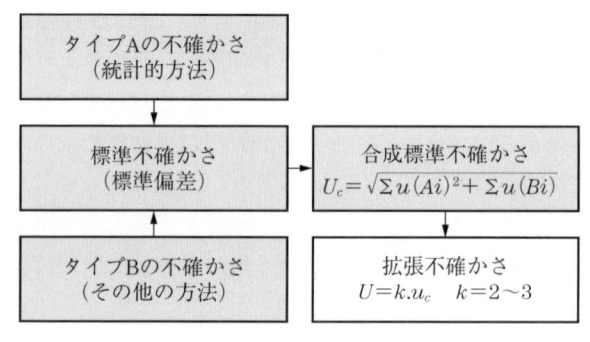

図 **3.1.8**　不確かさの計算

このような手順ののち，合成不確かさに包含係数を乗じて，総合的不確かさを表すものとして拡張不確かさを算出する．包含係数として，通常 2 を用いる．不確かさ計算の流れを図 **3.1.8** に示した．

分析結果は，複数の測定から得られた平均値とその不確かさとで表され，平均値±不確かさ（k=2）などと表記される．

（セイコーインスツルメンツ㈱　川瀬　晃）

参考文献

1) 環境庁報道発表資料，99.08.03 平成 10 年度環境分析統一精度管理調査結果（ダイオキシン類）について
2) 野々瀬菜穂子，日置昭治，倉橋正保，久保田正明：分析化学，49　No 4　239-247（1998）
3) 飯塚幸三監修　測定における不確かさの表現のガイド　日本規格協会
4) 国際計量基本用語集改訂版（日本語版）

参考資料

標準物質関係　JIS Q 0030～0035
関連規格　JIS Q 17025

[付録1] 分析手法又は分析機器の欧文略語 (ABC順)

〔注〕略語が対応する名称は，分析手法と分析機器の両方に用いられる場合があるが，本表では分析手法を優先して対応させた．
(例) GC：GAS Chromatography-ガスクロマトグラフ法／UV-VIS：Ultraviolet-Visible Spectrometry-

項	略　　語 (呼び方の一例)	名　　　　　称	
		(英)	(和)
1.	AA (S)	Atomic Absorption Spectrometry	原子吸光法
2.	AE	Acoustic Emission	音響放射法
3.	AED	Atomic Emission Detector	原子発光検出器
4.	AEM	Analytical Electron Microscopy	分析電子顕微鏡法
5.	AES	Auger Electron Spectrometry	オージェ電子分光法
6.	AFM	Atomic Force Microscopy	原子間力顕微鏡法
7.	AP-FIM	Atom Probe-FIM	原子プローブ電界イオン顕微鏡
8.	API-MS	Atmospheric Pressure Ionization Mass Spectrometry	大気圧イオン化質量分析法
9.	APS	Appearance Potential Spectrometry	出現電圧分光法
10.	AR-AES,	Angle Resolved-AES, -UPS, -XPS-UPS, -XPS	角度分解-オージェ電子分光法 -紫外光電子分光法 -X線光電子分光法
11.	ATR	Attenuated Total Reflection	全反射吸収スペクトル法
12.	BET	Brunauer, Emmett, Teller (考案者名)	表面積決定法 (BET法)
13.	CARS (カース)	Coherent Anti-stokes Raman Scattering	コーヒレント反ストークス・ラマン散乱法
14.	CBED	Convergent Beam Electron Diffractometry	収束電子線回折法
15.	CD	Circular Dichroism	円二色性
16.	CE	Capillary Electrophoresis	キャピラリー電気泳動
17.	CEC	Capillary Electronic Chromatography	キャピラリー電気クロマトグラフ法
18.	CEKC	Capillary Electrokinetic Chromatography	キャピラリー動電クロマトグラフ法
19.	CEMS	Conversion Electron Mossbauer Spectrometry	内部転換電子散乱メスバウア分光法
20.	CGE	Capillary Gell Electrophoresis	キャピラリーゲル電気泳動
21.	CI	Chemical Ionization	化学イオン化法
22.	CIEF	Capillary Iso Electric Focusing	キャピラリー等電点電気泳動
23.	CITP	Capillary Isotechophoresis	キャピラリー等速電気泳動
24.	CL	Cathodeluminescence	カソードルミネセンス法
25.	CLD	Chemiluminescence Detector	化学発光検出器
26.	COD	Chemical Oxygen Demand	化学的酸素要求量
27.	CP/MAS	Cross Polarization/Magic Angle Spinning	NMR法の一方法
28.	CT	Computed Tomography	コンピュータ断層映像法
29.	CVS	Constant Volume Sampler	定容量試料採取装置
30.	CZE	Capillary Zone Electrophoresis	キャピラリー・ゾーン電気泳動
31.	DAPS	Disppearance Potential Spectrometry	消失電圧スペクトル法
32.	DLTS	Deep-Level Transient Spectrometry	接合容量・トラップ準位測定法

[付録1] 分析手法又は分析機器の欧文略語（ABC順）

項	略　語 (呼び方の一例)	名　　　称	
		（英）	（和）
33.	DSC	Differential Scanning Calorimetry	示差走査熱量法
34.	DTA	Differential Thermal Analysis	示差熱分析法
35.	ECD	Electron Capture Detector	電子捕獲検出器
36.	ECD	Electron Chemical Detector	電子化学検出器
37.	ED	Electron Diffractometry	電子線回折法
38.	EDS, EDX	Energy Dispersive X-ray Spectrometry	エネルギー分散X線分光法
39.	EII	Electron Impact Ionization	電子衝撃イオン化法
40.	(E) ELS (イールス)	Electron Energy Loss Spectrometry	電子エネルギー損失分光法
41.	EPMA	Electron Probe Micro Analysis	電子プローブ（X線）マイクロ分析法
42.	EPR	Electron Paramagnetic Resonance	電子常磁性共鳴法（ESRに同じ）
43.	ER	Electroreflectance	反射光電界変調分光法
44.	ESCA（エスカ）	Electron Spectroscopy for Chemical Analysis	化学分析のための電子分光法 （XPS, UPSの総称）
45.	ESR	Electron Spin Resonance	電子スピン共鳴法
46.	EXAFS（イグザフス）	Extended X-ray Absorption Fine Structure	拡張X線吸収微細構造解析法
47.	FAB（ファブ）	Fast Atom Bombardment	高速原子衝撃イオン化
48.	FAB MS	Fast Atom Bombardment Ionization Mass Spectrometry	高速原子衝撃イオン化 質量分析法
49.	FACS	Fluorescence activated cell sortor	蛍光活性化セルソータ
50.	FD	Field Desorption Ionization	電界脱離イオン化
51.	FE-AES	Field Emission Auger Electron Spectrometry	電界放出型オージェ 電子分光法
52.	FEM	Field Emission Microscopy	電界放射微鏡法
53.	FEM-SEM/ EDX	Field Emission Scanning Electron Microscope with EDX	電界放出型エネルギー 分析走査電子顕微鏡
54.	FE-TEM	Field Emission Transmission Electron Microscopy	電界放出型透過電子顕微鏡法
55.	FIA	Flow Injection Analysis	フローインジェクション 分析法
56.	FI	Field Ionization	電界イオン化法
57.	FIB	Focused Ion Beam	収束イオンビーム
58.	FID	Flame Ionization Detector	水素炎イオン化検出器
59.	FIM	Field Ion Microscopy	電界イオン顕微鏡法
60.	FPD	Flame Photometric Detector	炎光光度検出器
61.	FTD	Flame Thermionic Detector	熱イオン化検出器
62.	(F) FT	(Fast) Fourier Transform	（高速）フーリエ変換
63.	FT-IR	Fourier Transform IR	フーリエ変換赤外分光法
64.	FT NIR	Fourier Transform Near Infrated Spectrophotometer	フーリエ変換近赤外分光光度計
65.	FT-NMR	Fourier Transform NMR	フーリエ変換核磁気共鳴法
66.	GC	Gas Chromatography	ガスクロマトグラフ法
67.	GC-MS	Gas Chromatography-Mass Spectrometry	ガスクロマトグラフィー質量分析法
68.	GD-AES	Glow Discharge Atomic Emission Spectrophotometry	グロー放電発光分光分析法
69.	GD/MS	Glow Discharge Mass Spectrometry	グロー放電質量分析法

項	略　語 (呼び方の一例)	名　　称	
		(英)	(和)
70.	GDS	Glow Discharge Spectroscopy	グロー放電分光法
71.	GFA	Graphite Furnance Atomizer	電気加熱炉原子吸光分析装置
72.	GPC	Gel Permiation Chromatography	ゲル・パーミエーション・クロマトグラフ法
73.	HEED (ヒード)	High Energy ED	高速電子線回折法
74.	HPLC	High Performance LC	高速液体クロマトグラフ法
75.	HPTLC	High Performance TLC	高速薄層クロマトグラフ法
76.	HR ICP-MS	High Resolusion ICP-MS	高分解能ICP-MS
77.	IC	Ion Chromatography	イオンクロマトグラフ法
78.	ICISS	Impact-Collision Ion Scattering Spectroscopy	直衝突イオン散乱分光法
79.	ICP-MS	Inductively Coupled Plasma-Mass Spectrometer	誘導結合高周波プラズマ質量分析計
80.	ICP-OES	Inductively Coupled Plasma-Optical Emission Spectrometer	誘導結合高周波プラズマ発光分光分析装置
81.	IM (MA)	Ion Microprobe (Mass) Analysis	イオンマイクロプローブ質量分析法
82.	IPES	Inverse Photoelectron Spectrometer	逆光電子分光装置
83.	IR	Infrared Spectrometry	赤外分光法
84.	ISS	Ion Scattering Spectroscopy	低速イオン散乱分光法
85.	KF	Karl Fischer	カールフィッシャ式
86.	LAMMA (ランマ)	Laser Microprobe Mass Analysis	レーザマイクロプローブ質量分析法
87.	LAS	Laboratory Automation System	ラボラトリオートメーションシステム
88.	LC	Liquid Chromatography	液体クロマトグラフ法
89.	LC/IR	Liquid Chromatograph Infrared Spectrometer	液体クロマトグラフ赤外分光光度計
90.	LC-MS	Liquid Chromatograph-Mass Spectrometry	液体クロマトグラフ質量分析法
91.	LEED (リード)	Low Energy ED	低速電子線回折法
92.	LIMS	Laboratory Information Management System	研究室情報管理システム
93.	LMA	Laser Microprobe Analysis	レーザマイクロプローブ発光分光分析法
94.	MEED (ミート)	Medium Energy ED	中速電子線回折法
95.	MIP-MS	Microwave Induced Plasma Mass Spectrometer	マイクロ波誘導プラズマ質量分析計
96.	MS	Mass Spectrometry	質量分析法
97.	NAA	Neutron Activation Analysis	中性子放射化分析法
98.	NDIR	Non-dispersive IR	非分散赤外分光法
99.	NIR	Near Infrared Spectrometry	近赤外分光光度法
100.	NMR	Nuclear Magnetic Resonance	核磁気共鳴法
101.	NPD	Nitrogen Phosphorus Detector	窒素りん検出器
102.	NRA	Nuclear Reaction Analysis	核反応分析法
103.	ORP	Oxidation Reduction Potential	酸化還元電位
104.	PAA	Particle Activation Analysis	荷電粒子放射化分析

[付録1] 分析手法又は分析機器の欧文略語（ABC順）

項	略　語 (呼び方の一例)	名　　　称 (英)	名　　　称 (和)
105.	PAS（パス）	Photoacoustic Spectrometry	光音響分光法
106.	PCR	Polymerase Chain Reaction	複製連鎖反応（サーマルサイクラ）
107.	PED	Photoelectron Diffractmetry	光電子回折法
108.	PIXE（ピクシ）	Particle Activation Analysis	粒子線励起X線放射分光法
109.	PL	Photoluminescence	光ルミネセンス
110.	PSPC	Position Sensitive Proprtional Counter	位置敏感形比例計数管
111.	PTS	Photothemal Spectrometry	光熱分光法
112.	QMS	Quadrupole Mass Spectrometry	四重極形質量分析法
113.	RACE	Rapid amplification of cDNA end	レース法
114.	RAPD	Random amplified polymorphic DNA	ラプド法
115.	RBS	Rutherford Back-scattering Spectroscopy	ラザフォード後方散乱分光法
116.	RHEED （アールヒード）	Reflection High Energy ED	反射高速電子線回折法
117.	RI	Radio Isotope	放射性同位元素
118.	RIA	Radioimmunoassay	放射免疫測定法
119.	RID	Refractive Index Detector	示差屈折率検出器
120.	RSS	Raman Scattering Spectroscopy	ラマン散乱分光法
121.	SAES	Scanning Auger Electron Spectrometry	走査形オージェ電子分光法
122.	SAM（サム）	Scanning Auger Electron Microscopy	走査形オージェ電子顕微法
123.	SEC	Size Exclusion Chromatography	サイズ排除クロマトグラフ法
124.	SEM（セム）	Scanning Electron Microscope	走査形電子顕微鏡
125.	SEM/EDX	Scanning Electron Microscope with EDX	エネルギー分散 走査電子顕微鏡
126.	SERS（サース）	Surface Enhanced Raman Scattering	表面異常ラマン散乱法
127.	SEXAFS	Surface EXAFS	表面イグザフス
128.	SFC	Super Critical Fluid Chromatography	超臨界流体クロマトグラフ法
129.	SFE	Super Critical Fluid Extraction	超臨界流体抽出法
130.	SIMS（シムス）	Secondary Ion MS	二次イオン質量分析法
131.	SNMS	Sputtered Neutrons Mass Spectrometry	スパッタ中性粒子分光法
132.	SR	Synchrotron Orbital Radiation	シンクロトロン放射光
133.	SPAM	Scanning Photoacoustic Microscopy	走査形光音響顕微鏡法
134.	SPM	Suspended Particulate Molecule	浮遊粒子状物質
135.	SS	Suspended Solid	浮遊物質，懸濁物質
136.	SSD	Solid State Detector	半導体検出器
137.	SSMS	Spark Source MS	スパークソース質量分析法
138.	STEM	Scanning TEM	走査透過電子顕微鏡
139.	STM	Scanning Tunneling Microscopy	走査トンネル電流顕微鏡法
140.	TA	Thermal Analysis	熱分析法
141.	TCD	Thermal Conductivity Detector	熱伝導度検出器
142.	TDA	Thermodilatometric Analysis	熱膨張分析法
143.	TDS	Thermal Desorption Spectrometry	昇温脱離法
144.	TEM	Transmission Electron Microscopy	透過電子顕微鏡法
145.	TEM/EDX	Transmission Electron Microscope with EDX	エネルギー分散 透過電子顕微鏡
146.	TG	Thermogravimetry	熱重量測定法
147.	TLC	Thin Layer Chromatography	薄層クロマトグラフ法

[付録1] 分析手法又は分析機器の欧文略語（ABC順）

項	略　語 (呼び方の一例)	名　　　称 (英)	(和)
148.	TMA	Thermomechanical Analysis	熱機械的分析法
149.	TOF	Time of Flight	飛行時間法
150.	TOF-MS	Time of Flight MS	飛行時間型質量分析法
151.	TOF-SIMS	Time of Flight SIMS	飛行時間型二次イオン質量分析計
152.	TSC	Thermal Stimulated Current	熱刺激電流
153.	TRXRF	Total Reflection X-ray Fluorescence Spectrometry	全反射蛍光X線分析法
154.	UPS	Ultraviolet Photoelectron Spectrometry	紫外光電子分光法
155.	UV	Ultraviolet Spectrometry	紫外分光法
156.	UV-VIS	Ultraviolet-Visible Spectrometry	紫外・可視分光法
157.	VIS	Visible Spectrometry	可視分光光度法
158.	WDX, WDS	Wavelength Dispersive X-ray Spectrometry	波長分散X線分光法
159.	XAFS	X-ray Absorption Fine Structure	X線吸収微細構造
160.	XCT	X-ray Computed Tomography	X線コンピュータ断層映像法
161.	XD	X-ray Diffractometry	X線回折法
162.	XF (XRF)	X-ray Fluorescence Spectrometry	蛍光X線分析法
163.	XMA	EPMAと同じ	
164.	XPED	X-ray-PED	X線光電子回折法
165.	XPS	X-ray Photoelectron Spectrometry	X線光電子分光法
166.	XPC	X-ray Rocking Curve	X線ロッキングカーブ法
167.	XRD	X-ray Diffractometry	X線回折法
168.	XRF/EDX	Energy Dispersive X-ray Fluorescence Spectrometry	エネルギー分散形蛍光X線分析法
169.	XRF/WDX	Wavelength Dispersive X-ray Fluorescence Spectrometry	波長分散型蛍光X線法
170.	XRT	X-ray Topography	X線回折顕微法

付録2　SI単位，10の整数乗を表わす接頭語および換算表

SI単位に係わる計量単位

	物象の状態の量	計　量　単　位（記号）
基本	1. 長さ	1. メートル(m)
	2. 質量	2. キログラム(kg)，グラム(g)，トン(t)
	3. 時間	3. 秒(s)，分(min)，時(h)
	4. 電流	4. アンペア(A)
	5. 温度	5. ケルビン(K)，セルシウス度又は度(℃)
	6. 物質量	6. モル(mol)
	7. 光度	7. カンデラ(cd)
空間・時間関連	8. 角度	8. ラジアン(rad)，度(˚)，分(′)，秒(″)
	9. 立体角	9. ステラジアン(sr)
	10. 面積	10. 平方メートル(m²)
	11. 体積	11. 立方メートル(m³)，リットル(l又はL)
	12. 角速度	12. ラジアン毎秒(rad/s)
	13. 角加速度	13. ラジアン毎秒毎秒(rad/s²)
	14. 速さ	14. メートル毎秒(m/s)，メートル毎時(m/h)
	15. 加速度	15. メートル毎秒毎秒(m/s²)
	16. 周波数	16. ヘルツ(Hz)
	17. 回転速度	17. 毎秒(s^{-1})，毎分(min^{-1})，毎時(h^{-1})
	18. 波数	18. 毎メートル(m^{-1})
力学関連	19. 密度	19. キログラム毎立方メートル(kg/m³)，グラム毎立方メートル(g/m³)，グラム毎リットル(g/l又はg/L)
	20. 力	20. ニュートン(N)
	21. 力のモーメント	21. ニュートンメートル(N・m)
	22. 圧力	22. パスカル(Pa)，ニュートン毎平方メートル(N/m²)，バール(bar)
	23. 応力	23. パスカル(Pa)，ニュートン毎平方メートル(N/m²)
	24. 粘度	24. パスカル秒(Pa・s)，ニュートン秒毎平方メートル(N・s/m²)
	25. 動粘度	25. 平方メートル毎秒(m²/s)
	26. 仕事	26. ジュール(J)，ワット秒(W・s)，ワット時(W・h)
	27. 工率	27. ワット(W)
	28. 質量流量	28. キログラム毎秒(kg/s)，キログラム毎分(kg/min)，キログラム毎時(kg/h)，グラム毎秒(g/s)，グラム毎分(g/min)，グラム毎時(g/h)，トン毎秒(t/s)，トン毎分(t/min)，トン毎時(t/h)
	29. 流量	29. 立方メートル毎秒(m³/s)，立方メートル毎分(m³/min)，立方メートル毎時(m³/h)，リットル毎秒(l/s又はL/s)，リットル毎分(l/min又はL/min)，リットル毎時(l/h又はL/h)
	61. 振動加速度レベル*	61. ―
熱関連	30. 熱量	30. ジュール(J)，ワット秒(W・s)，ワット時(W・h)
	31. 熱伝導率	31. ワット毎メートル毎ケルビン(W/(m・k))，ワット毎メートル毎(W/(m・℃))
	32. 比熱容量	32. ジュール毎キログラム毎ケルビン(J/(kg・K))，ジュール毎キグラム毎度(J/(kg・℃))
	33. エントロピー	33. ジュール毎ケルビン(J/K)

備考1：*印の量については，SI単位にはないが，SI単位のない量の非SI単位（p.219）が法定計量単位として定められている．

[付録2] SI単位，10の整数乗を表わす接頭語および換算表

SI単位に係わる計量単位（つづき）

	物象の状態の量	計 量 単 位（記 号）
電気・磁気関連	34. 電　気　量	34. クーロン(C)
	35. 電　界　の　強　さ	35. ボルト毎メートル(V/m)
	36. 電　　　　　圧	36. ボルト(V)
	37. 起　電　力	37. ボルト(V)
	38. 静　電　容　量	38. ファラド(F)
	39. 磁　界　の　強　さ	39. アンペア毎メートル(A/m)
	40. 起　磁　力	40. アンペア(A)
	41. 磁　束　密　度	41. テスラ(T)，ウェーバ毎平方メートル(Wb/m^2)
	42. 磁　　　　　束	42. ウェーバ(Wb)
	43. インダクタンス	43. ヘンリー(H)
	44. 電　気　抵　抗	44. オーム(Ω)
	45. 電気のコンダクタンス	45. ジーメンス(S)
	46. インピーダンス	46. (Ω)
	47. 電　　　　　力	47. ワット(W)
	48. 無　効　電　力*	48. —
	49. 皮　相　電　力*	49. —
	50. 電　力　量	50. ジュール(J)，ワット秒(W·s)，ワット時(W·h)
	51. 無　効　電　力　量*	51. —
	52. 皮　相　電　力　量*	52. —
	53. 電磁波の減衰量*	53. —
	54. 電磁波の電力密度	54. ワット毎平方メートル(W/m^2)
光・放射・放射線関連	55. 放　射　強　度	55. ワット毎ステラジアン(W/sr)
	56. 光　　　　　束	56. ルーメン(lm)
	57. 輝　　　　　度	57. カンデラ毎平方メートル(cd/m^2)
	58. 照　　　　　度	58. ルクス(lx)
	63. 中　性　子　放　出　率	63. 毎秒(s^{-1})，毎分(min^{-1})
	64. 放　射　能	64. ベクレル(Bq)，キュリー(Ci)
	65. 吸　収　線　量	65. グレイ(Gy)，ラド(rad)
	66. 吸　収　線　量　率	66. グレイ毎秒(Gy/s)，グレイ毎分(Gy/min)，グレイ毎時(Gy/h)，ラド毎秒(rad/s)，ラド毎分(rad/min)，ラド毎時(rad/h)
	67. カ　ー　マ	67. グレイ(Gy)
	68. カ　ー　マ　率	68. グレイ毎秒(Gy/s)，グレイ毎分(Gy/min)，グレイ毎時(Gy/h)
	69. 照　射　線　量	69. クーロン毎キログラム(C/kg)，レントゲン(R)
	70. 照　射　線　量　率	70. クーロン毎キログラム毎秒(C/(kg·s))，クーロン毎キログラム毎分(C/(kg·min))，クーロン毎キログラム毎時(C/(kg·h))，レントゲン毎秒(R/s)，レントゲン毎分(R/min)，レントゲン毎時(R/h)
	71. 線　量　当　量	71. シーベルト(Sv)，レム(rem)
	72. 線　量　当　量　率	72. シーベルト毎秒(Sv/s)，シーベルト毎分(Sv/min)，シーベルト毎時(Sv/h)，レム毎秒(rem/s)，レム毎分(rem/min)，レム毎時(rem/h)
その他	59. 音　響　パ　ワ　ー	59. ワット(W)
	60. 音　圧　レ　ベ　ル*	60. —
	62. 濃　　　　　度	62. モル毎立方メートル(mol/m^3)，モル毎リットル(mol/l又はmol/L)，キログラム毎立方メートル(kg/m^3)，グラム毎立方メートル(g/m^3)，グラム毎リットル(g/l又はg/L)

備考2：物象の状態の量の左側に付されている番号は，計量法第2条に規定されている順番を示す．

SI単位のない量の非SI単位

物象の状態の量	計 量 単 位（記 号）
48. 無　効　電　力	48. バール（var）
49. 皮　相　電　力	49. ボルトアンペア（VA）
51. 無　効　電　力　量	51. バール秒（var·s），バール時（var·h）
52. 皮　相　電　力　量	52. ボルトアンペア秒（VA·s），ボルトアンペア時（VA·h）
53. 電磁波の減衰量	53. デシベル（dB）
60. 音　圧　レ　ベ　ル	60. デシベル（dB）
61. 振動加速度レベル	61. デシベル（dB）

SI単位のある量の非SI単位

物象の状態の量	計 量 単 位（記 号）
17. 回　転　速　度	17. 回毎分（r/min又はrpm），回毎時（r/h又はrph）
22. 圧　　　　　力	22. 気圧（atm）
24. 粘　　　　　度	24. ポアズ（P）
25. 動　粘　度	25. ストークス（St）
62. 濃　　　　　度	62. 質量百分率（％） 質量千分率（‰） 質量百万分率（ppm） 質量十億分率（ppb） 体積百分率（vol％又は％） 体積千分率（vol‰又は‰） 体積百万分率（volppm又はppm） 体積十億分率（volppb又はppb） ピーエッチ（pH）

用途を限定する非SI単位

物象の状態の量	計 量 単 位（記 号）
1. 長　　　　　さ	1. 海里(M又はnm)|海面又は空中における長さ| オングストローム(Å)|電磁波，膜圧，表面の粗さ，結晶格子|
2. 質　　　　　量	2. カラット(ct)|宝石の質量| もんめ(mon)|真珠の質量| トロイオンス(oz)|金貨の質量|
8. 角　　　　　度	8. 点(pt)|航海，航空|
10. 面　　　　　積	10. アール(a)，ヘクタール(ha)|土地面積|
11. 体　　　　　積	11. トン(T)|船舶の体積|
14. 速　　　　　さ	14. ノット(kt)|航海，航空|
15. 加　速　度	15. ガル(Gal)，ミリガル(mGal)|重力加速度，地震|
22. 圧　　　　　力	22. トル(Torr)，ミリトル(mTorr)，マイクロトル(μTorr)|生体内の圧力| 水銀柱ミリメートル(mmHg)|血圧|
30. 熱　　　　　量	30. カロリー(cal)，キロカロリー(kcal)，メガカロリー(Mcal)，ギガカロリー(Gcal)|栄養，代謝|

備考　\|　\|は，用途を示す．

[付録2] SI単位，10の整数乗を表わす接頭語および換算表

10の整数乗を表わす接頭語

接頭語の名称（記号）	係数	接頭語の名称（記号）	係数
ヨタ (Y)	10^{24}	デシ (d)	10^{-1}
ゼタ (Z)	10^{21}	センチ (c)	10^{-2}
エクサ (E)	10^{18}	ミリ (m)	10^{-3}
ペタ (P)	10^{15}	マイクロ (μ)	10^{-6}
テラ (T)	10^{12}	ナノ (n)	10^{-9}
ギガ (G)	10^{9}	ピコ (p)	10^{-12}
メガ (M)	10^{6}	フェムト (f)	10^{-15}
キロ (k)	10^{3}	アト (a)	10^{-18}
ヘクト (h)	10^{2}	ゼプト (z)	10^{-21}
デカ (da)	10^{1}	ヨクト (y)	10^{-24}

圧力の換算表

	Pa	bar	kgf/cm^2	atm	mmH$_2$O	mmHg及びTorr
圧	1	1×10^{-5}	1.01972×10^{-5}	9.86923×10^{-6}	1.01972×10^{-1}	7.50062×10^{-3}
	1×10^{5}	1	1.01972	9.86923×10^{-1}	1.01972×10^{4}	7.50062×10^{2}
	9.80665×10^{4}	9.80665×10^{-1}	1	9.67841×10^{-1}	1×10^{4}	7.35559×10^{2}
力	1.01325×10^{5}	1.01325	1.03323	1	1.03323×10^{4}	7.60000×10^{2}
	9.80665	9.80665×10^{-5}	1×10^{-4}	9.67841×10^{-5}	1	7.35559×10^{-2}
	1.33322×10^{2}	1.33322×10^{-3}	1.35951×10^{-3}	1.31579×10^{-3}	1.35951×10	1

応力の換算表

	Pa	MPa又はN/mm^2	kgf/mm^2	kgf/cm^2
応	1	1×10^{-6}	1.01972×10^{-7}	1.01972×10^{-5}
	1×10^{6}	1	1.01972×10^{-1}	1.01972×10
力	9.80665×10^{6}	9.80665	1	1×10^{2}
	9.80665×10^{4}	9.80665×10^{-2}	1×10^{-2}	1

仕事率，工率の換算表

	kW	PS	kgf・m/s	kcal/k
仕事率・工率	1	1.35962	1.01972×10^{-7}	8.600×10^{2}
	7.355×10^{-1}	1	7.5×10	6.32529×10^{2}
	9.80665×10^{-3}	1.33333×10^{-2}	1	8.43371
	1.16279×10^{-3}	1.50895×10^{-3}	1.18572×10^{-1}	1

(注) 1W＝1J/s
1PS＝0.7335kW
1cal＝4.18605

---編著者紹介---

社団法人　日本分析機器工業会

[設立] 1960年8月
[目的] 分析機器及び装置の品質，性能の改善向上と分析機器工業の高度化を図るともに分析機器の利用に係る科学技術の進歩，発達を図り，もって日本経済の健全な発展並びに国民の文化的生活に寄与することを目的とする．
[会員] 正会員は，分析機器の製造事業を営む法人及び個人並びにこれらの者を構成員とする団体．賛助会員は，日本分析機器工業会の目的に賛同し，その事業に協力しょうとするもの．
[会長] 竹内　隆
[専務理事] 作間　英一
[住所] 〒100-0052　東京都千代田区神田小川町 3-22　タイメイビル
　　　TEL：03-3292-0642，FAX：03-3292-7157
　　　E-mail：webmaster@jaima.or.jp　　URL　http：//www.jaima.or.jp/

よくわかる　分析化学のすべて　　　　　　　　　　　　　　　NDC 433

2001年10月25日　初版1刷発行
2003年5月8日　　初版2刷発行

定価はカバーに表示してあります．

　　　　　　　Ⓒ編著者　　（社）日本分析機器工業会
　　　　　　　発行者　　　岡　村　信　克
　　　　　　　発行所　　　日　刊　工　業　新　聞　社
〒102-8181　東京都千代田区九段北一丁目8番10号
　　　　　　　電話　編集部　東京（3222）7090〜7092
　　　　　　　　　　販売部　東京（3222）7131
　　　　　　　FAX　　　　　東京（3234）8504
　　　　　　　振替口座　　　00190-2-186076
　　　　　　　URL　　http://www.nikkan.co.jp/pub
　　　　　　　e-mail　　　info@tky.nikkan.co.jp

　　　　　　　印　刷　　美研プリンティング（株）
　　　　　　　製　本　　越　後　堂　製　本　所

落丁・乱丁本はお取りかえいたします．　　　2001 Printed in Japan
　　ISBN 4-526-04423-7　C 3043

Ⓡ〈日本複写権センター委託出版物〉
本書の無断複写は，著作権法上での例外を除き，禁じられています．
本書からの複写は，日本複写権センター（03-3401-2382）の許諾を得て下さい．